Financial Education
for Youth:
The Role of Schools

青少年理财教育：
学校的角色

经济合作与发展组织 / 著

曾天山　等 / 译

OECD

教育科学出版社
·北京·

前　言

　　理财素养的重要性以及对推进理财教育的需求被认为是增进金融普惠性和改善个人金融状况的重要因素，同时也是维持经济稳定的重要支撑。理财教育政策的重要意义已在最高层面得到全球范围的认可：2012年，20 国集团（以下简称 G20）领导人表示共同拥护经济合作与发展组织（OECD，以下简称经合组织）/ 国际理财教育网络（International Network on Financial Education, INFE）国家理财教育战略高层次原则（OECD/INFE High-level Principles on National Strategies for Financial Education），该原则明确指出，青少年是该领域政府政策的优先支持对象之一。同年，亚太经合组织财政部长级官员们指出，理财素养是一项重要的生活技能。

　　全球青少年面临的新挑战以及社会要求他们具备更高理财能力的现实，证明对理财教育尤其是青少年理财教育的关注是合理的。青年一代将面临比以往更多的理财风险和更高级的理财产品。他们在很小的年龄就已接触了金融服务和理财产品。然而，青少年理财技能的提高却似乎与这些方面的发展并不同步。来自某些国家和经合组织的调查显示，与父母一代相比，青年一代的理财素养更低，这导致其存在某些潜在的新弱点。这种不同步在对信贷的负责任使用、为未来和退休做充足的资金储备，甚至于青年一代的社会、经济、金融普惠性等方面将产生重大的潜在影响。

　　2002 年，经合组织在认识到理财素养不足的负面影响后，在金融市场委员会（Committee on Financial Markets）及保险与个人养老金委员会（Insurance and Private Pensions Committee）的资助下，开展了一项关于理财教育的综合项目。2008 年，为了将其影响延伸至经合组织成员国以外，强化信息共享、证据收集、材料分析工作的开展和相关政策工具的开发，经合组织创建了国际理财教育网络。如今，国际理财教育网络已有 107 个经济体参与。经合组织和国际理财教育网络始终将关注的焦点对准青少年和中小学。2005 年，《经合组织关于理财教育和理财意识的原则与实践建议》（OECD Recommendation on Principles and Good Practices for Financial Education and Awareness）第一版指出："理财教育应当从中小学开始。人们应当尽可能早地在生活中接受理财方面的教育。"

经合组织及国际理财教育网络自 2008 年开展的调查显示，越来越多的国家在中小学实施了理财教育项目。该调查还指出了政策制定者、利益相关者和实践者在中小学开展理财教育的尝试中所面临的主要挑战。

在俄罗斯理财素养与教育信托基金（Russian Trust Fund for Financial Literacy and Education）的支持下，本书首次分析了这些挑战，并为相关政策制定者和利益相关者提供了一个框架，用以帮助他们了解青少年理财教育的需求、不同国家在不同情形和教育体制下采用的有效做法、现存理财教育的各种学习框架以及在中小学有效开展理财教育的指南等。

本书的成果曾对经合组织 2012 年国际学生评估项目（PISA）首次包含的理财素养测试的设计发挥了重要作用。2014 年国际学生评估项目理财素养评估结果的发布，为政策制定者审查、修改和完善现有的实践提供了有关 15 岁学生理财素养的基本实践证据。

本书的内容得到了国际理财教育网络和经合组织主管理财教育的机构的认可。作为经合组织针对青少年和理财（Youth and Finance）这一项目所做的研究进展报告（Progress Report）中的一部分，本书的内容在 2013 年 9 月受到了 G20 峰会领导人的欢迎。

致　谢

　　此书是经合组织秘书处和国际理财教育网络的代表共同努力的成果。经合组织及国际理财教育网络的代表们和相应的各国管理机构人员为本书初稿的准备提供了帮助，并为《国际理财教育网络中小学理财教育指南》（INFE Guidelines on Financial Education in Schools）的起草提供了重要的意见和建议。

　　经合组织及国际理财教育网络的代表人数众多，虽然无法一一提及他们的姓名，但是经合组织十分感谢他们对本书做出的贡献。经合组织想在这里特别感谢以下经合组织及国际理财教育网络专家组成员对中小学理财教育所做的贡献：曾就职于英国财政部、现就职于英国金融服务消费者委员会的休·刘易斯（Sue Lewis）女士（专家组领导），曾就职于澳大利亚证券投资委员会的迪利娅·里卡德（Delia Rickard）女士，加拿大金融消费者机构的简·鲁尼（Jane Rooney）女士，日本银行的冈崎凉子（Ryoko Okazak）女士，马来西亚中央银行的科伊·瑞·莲（Koid Swee Lian）女士，荷兰财政部的威尔纳·范罗苏姆（Wilna van Rossum）女士，曾就职于新西兰理财素养与退休收入委员会的戴安娜·克罗森（Diana Crossan）女士，波兰金融监督管理局的米哈乌·纳莱帕（Michal Nalepa）先生，世界银行的安德烈·马尔科夫（Andrei Markov）先生，曾就职于南非金融服务理事会的奥利维娅·戴维兹（Olivia Davids）女士。还要特别感谢教育顾问苏珊·沃森（Susan Watson）博士，她为本书部分初稿的准备工作提供了帮助。

　　经合组织还要感谢国际学生评估项目理财素养专家组成员的贡献，他们的工作对国际学生评估项目理财素养框架的形成起到了重要作用，为本书第一章的准备工作提供了有益的建议和意见。他们是法国巴黎第二大学的让－皮埃尔·布瓦西翁（Jean-Pierre Boisivon）先生、曾就职于新西兰理财素养与退休收入委员会的戴安娜·克罗森女士、澳大利亚证券投资委员会的彼得·库兹纳（Peter Cuzner）先生、曾就职于美国联邦储备系统的珍妮·霍格思（Jeanne Hogarth）女士、捷克财政部的杜尚·赫拉迪尔（Dušan Hradil）先生、加拿大顾问斯坦·琼斯（Stan Jones）先生、曾就职于英国财政部的休·刘易斯女士、美国达特茅斯学院和乔治·华盛顿大学商学院的安娜玛利亚·卢萨尔迪（Annamaria Lusardi）教授。

　　最后，经合组织还要感谢英国教育部国际与课程政策处和英国财政部财务能力组所提供的建议和意见，以及英国个人理财教育集团的特蕾西·布利克利（Tracey Bleakley）女士、澳大利亚证券投资委员会的朱迪·戈登（Judy Gordon）女士、荷兰国家家庭理财信息部、新西兰教育部。

　　本书是在理财教育项目的主管兼经合组织国际理财教育网络秘书弗洛尔－安妮·迈希（Flore-Anne Messy）女士的指导下进行的，还得到了财务局政策分析师安德烈亚·格里福尼（Andrea Grifoni）先生的指导以及爱德华·斯迈利（Edward Smiley）先生的技术支持。

　　本书的研究工作是经合组织理财教育项目的一部分，该项目得到了来自俄罗斯／世界银行／经合组织理财素养与教育信托基金的支持。

目　　录

概　要

　　大多数国家的理财教育[1]都把青少年作为主要目标人群。正因为如此，他们都致力于将理财教育纳入中小学课程并设计专门的学习框架。这么做的理由是多方面的。首先，虽然理财教育涉及各年龄段，但是因为青年一代可能会比他们的父母承受更多的理财风险、面临更加复杂和高级的理财产品，所以针对青少年的理财教育就变得越来越重要了。其次，青年一代接触或者说获得金融服务的年龄段早于他们的父辈（比如通过零用钱、移动电话、银行存款，甚至信用卡获得金融服务）。但是，近期大多数的调查却显示出对青少年理财素养不高的担忧，在大多数情况下，青少年的理财素养甚至远远低于他们的父辈。

　　在这种背景下，实践和对现有项目的评估结果表明，将理财教育纳入中小学正式课程是进行理财教育的一个最有效且最合理的方式，它可以在极大程度上影响整整一代人。此外，由于课程可以延续多年，甚至可以从幼儿园起就开设，因此通过这种特别的方式，可以在未来的成年人中培育一种健全的理财文化和行为。这是特别重要的，因为父母向其子女传授良好理财习惯的能力是不均衡的。再者，正如其他相关的教育领域（比如健康教育）所证实的那样，与其他人群相比，青少年是潜在的新习惯的良好传播者。

　　然而，由于方方面面的限制，尤其是对大多数国家行政机构而言，这是一次全新的尝试，将理财教育成功地融入中小学课程面临着许多方面的挑战。这些挑战包括：缺乏资源和时间、现有的超负荷的课程、相关教师缺乏专业知识和专门技能、缺乏易获得的高质量素材、牵涉不同的利益相关者、相关行政部门缺乏进行中小学理财教育的意愿和责任感等。

为了应对这些挑战，国际理财教育网络（INFE）在俄罗斯理财素养与教育信托基金的支持下，决定开展研究和指导，支持有需求的学校引进和实施理财教育。专项专家组在经济合作与发展组织（以下简称经合组织）金融市场委员会 2008 年进行的调查的基础上，通过对经合组织及国际理财教育网络 2008—2013 年收集的大规模数据进行分析，以国际理财教育网络和经合组织秘书处所做的进一步研究和分析工作为基础，着力开展该项工作。

本书是这些工作和调查结果的一个纲要。它为政策制定者提供了满足青少年理财教育需求的论据和框架，回顾了在中小学进行理财教育的主要挑战及优秀实践案例，同时也提供了成功将理财教育纳入中小学的《国际理财教育网络中小学理财教育指南》。

本书第一章强调了在全球化趋势影响着个体所需承受的理财风险及理财服务供需变化的背景下提升理财素养的重要性。此部分明确指出了理财教育关注青少年的必要性，以及通过中小学教育达到此目的的依据。

本书第二章陈述了将理财教育纳入中小学教育时所需考虑的主要问题，并用具体的案例研究来表明，不同体制以及拥有资源程度不同的国家都面临着同样的挑战。这些精选的相关实践经验与附录所列的指南的具体措施相匹配，有助于各个国家在中小学设计和实施理财教育项目。

经合组织及国际理财教育网络根据对政策制定者来说的重要程度和相关程度确定了案例研究的主题。这些主题包括一些关键因素，比如获得政治支持以使中小学理财教育日益有效且持续发展、在中小学引进理财教育的模式、教师对培训的需求、教学工具和材料、资源的作用以及项目评估的重要性。

最后，本书第三章通过比较分析介绍了澳大利亚、巴西、英格兰、日本、马来西亚、荷兰、新西兰、北爱尔兰、苏格兰、南非、美国等国家正规中小学现有的理财教育学习框架。这些分析都以中小学理财教育的标准和对学习成果的详细描述为基础展开。本章分两部分进行陈述。第一部分综合分析了有关部门和组织的现有学习框架及其教学内容和特点，第二部分陈述了现有学习框架的主要特征。

本书把精选的实践经验置于各国理财教育政策的背景之中，阐述了理财教育学习框架的发展历程，分析了重点机构在发起这些项目中所扮演的角色。这些案例及分析为我们提供了有关中小学不同年级预期学习成果、学习主题和学习对象等方面的详细内容。

附录包含了《国际理财教育网络中小学理财教育指南》和《理财教育学习框架指导》。这些文件指出了中小学引进理财教育的主要步骤，为将其融入中小学课程提供了稳定和可持续发展的框架。成功引入理财教育，最好通过制定可量化和适当的目标进行，并配之以灵活的方式，同时也应考虑到影响监督和评估的资源和规划。这份指南还强调了确保公共部门和教育系统、教师和家长，以及诸如私营部门、非政府组织等其他重要利益相关者适度参与理财教育的必要性。这份指南还强调了设计和完善激励手段、有效培训教师、提供充足的教育材料和评估学生能力的重要性。

附录中关于合理设计理财教育学习框架的指南，更加详细地介绍了第三章通过具体案例得出的主题。这份指南的重点是框架的目的、学生预期取得的学习成果，以及课程长短、课程具体内容、教学工具、学生学习成果测评、监督与评估等内容。

注　释

1. 在中小学，"理财教育"一词通常是指针对理财的知识、理解、技能、行为、态度和价值的教育，它能使学生在日常生活和成年后做出理智、有效的理财决策。理财教育的预期学习成果一般指学生的理财素养和理财能力。为了避免混淆并与经合组织及国际理财教育网络的术语保持一致，本书中除某些国家开展的项目或制定的文件中使用不同的术语外，都将使用"理财素养"一词。理财素养，就像经合组织国际学生评估项目（PISA）理财素养框架为青少年界定的那样，是指"有关金融概念和风险的知识和认知，以及以在不同的理财环境之下做出有效决定、改善个人和社会的财务状况、有效参与经济生活为目的，而运用这种知识和认知的技能、动机和信心"。

第一章
青少年理财教育的重要性

本章从增进金融普惠性和创新性，到向个人转嫁理财风险等方面，揭示了理财素养日趋重要的全球性趋势，强调了理财素养对个人的益处及其对金融和经济体系的积极影响。本章还提出要重点关注青少年特别是中小学理财教育的合理性，并特别介绍了经合组织及国际理财教育网络的调查和研究，以及为准备经合组织国际学生评估项目理财素养框架所开展的工作。

个人理财素养的重要性

近年来，发达国家和新兴经济体越来越关注公民的理财素养。金融普惠水平的改善、新兴经济体中中产阶级的壮大、金融市场的广泛发展、公共和私人支持系统的收缩、包括人口老龄化在内的人口状况的改变等是引发此种关注的主要原因。金融危机也强化了这种对公民理财素养的关注。这是因为，人们开始意识到缺乏理财素养是导致做出错误理财决定的因素之一。这些错误决定反过来会产生巨大的负面溢出效应（INFE/OECD, 2009; OECD, 2009a; 关于理财素养和拖欠按揭贷款的实证分析，另见 Gerardi, Goette, and Meier, 2010）。

因而，当今全球都将理财素养视为影响经济和金融稳定与发展的主要

因素。2012 年和 2013 年，20 国集团（以下简称 G20）领导人特别签署了
经合组织 / 国际理财教育网络国家理财教育战略高层次原则（OECD/INFE
High-level Principles on National Strategies for Financial Education），认同了
青少年理财教育的重要性，呼吁揭示青少年接触理财产品和接受理财教育
时面临的潜在障碍，并欢迎经合组织理财教育项目和世界银行金融普惠
项目针对青少年和理财教育撰写报告（G20, 2012, 2013）。一系列使理财
素养成为个人重要生活技能的明显趋势证明了这一关注的合理性（OECD,
2005a）。亚太经合组织财政部长级官员们就认为："在 21 世纪，理财素养
是一种重要的生活技能，它将增强个人和家庭的幸福感以及经济生活中的
金融稳定性。"（APEC, 2012）

接下来我们将陈述这些趋势，并强调理财教育的益处和将其引进中小学
的重要性。

更多的理财产品和服务

在大多数国家，越来越多的消费者可以通过不同的供应商和不同的
交付途径接触到大量的理财产品和服务。新兴经济体国家金融普惠水平的
不断提高，以及技术的发展和管制的放松拓宽了人们获得零售理财产品的
渠道和机会，从日常银行账户到汇款产品、消费者循环贷款和股票皆是如
此。可供消费者消费的理财产品变得更加复杂，消费者需要针对一系列因
素做出比较，比如收取的费用、支付或收取的利息、合同期的长短、风
险程度等。他们还必须从社团组织、传统金融机构、网络银行和移动电
话公司等大量可供选择的范围内确定合适的供应商和交付途径。

理财产品和服务需求的增长

经济和技术的发展使得全球的联系更加紧密，带来了通信和金融交
易的重大改变，同时也改变了社会交往的方式和消费行为。所有这些变化

使个人与金融供应商的互动变得更加重要。尤其是，消费者经常需要通过接触金融服务机构（包括银行和其他供应商，比如邮局）来做出诸如接收收入、汇款、网络交易等电子支付活动，或者在现金和支票不受欢迎的地方进行面对面的交易。那些无法接触到这些金融服务的人往往有更多的现金交易活动，他们常常会使用诸如放债或者兑现支票等非正式金融服务（Kempson, Collard, and Moore, 2005）。

风险转移

与此同时，政府、雇主、个人都呈现出了广泛的风险转移趋势。许多国家的政府正在或已经减少了政府养老金，还有些国家正在减少医疗福利。养老金固定缴款计划很快取代了固定收益养老金计划，这就将为退休后的财务保障进行储蓄的责任转移给了工作者本人。传统的养老金计划被新计划所取代，个人要承受收益和投资的双重风险。大多数调查显示，大多数工作者还没有意识到自己正面临的风险，即便意识到了风险，他们也没有足够的知识和技能来合理处理这些风险（OECD, 2008）。不仅如此，人们不得不面对的生理和财务方面的风险都在增加：这些风险与寿命、健康、信用、理财市场易变性、失业等有着明显的联系。

个人责任的增加

由于市场和经济的变化，个人不得不做出越来越多的理财决定。比如，预期寿命的增加意味着个人需要为更长的退休时间做储蓄积累。人们还需要为个人和家庭的医疗需求承担更多的经济责任。而且，由于教育经费的增长，规划子女的教育并为其进行充足的投入对于家长而言也变得十分重要。即使有金融中介和咨询机构为个人提供服务，人们还是需要弄明白提供给他们的服务和建议到底是什么。人们要对购买理财产品的决定负责，而且要承担这一选择的全部后果。另外，现在的经济和金融环境使得人们更难找到并维持稳定的带薪工作。

所有这些趋势将大多数做出理财决定的责任转移给了个人。同时，大众（包括新的理财消费者）选择的范围扩大了，选择的复杂性也提高了。在这种背景下，个人需要拥有足够的理财知识和技能，以采取必要措施来保护自己和亲人，确保自己和亲人拥有良好的财务状况，能够应对意外事件或扩宽自身的收入来源。

理财素养的益处

现有的实证证据表明，在发达和新兴经济体中，那些接受过理财教育的成年人比其他人更愿意为退休做出计划并进行储蓄（Bernheim, Garrett, and Maki, 2001; Cole, Sampson, and Zia, 2010; Lusardi, 2009）。这些证据揭示了理财教育和理财行为之间的联系：理财素养的完善可以促成行为上的积极变化。

其他的研究，主要是来自发达国家尤其是美国的研究，指出了拥有理财素养的一系列潜在益处。大量证据证明，具有更高理财素养的人能够更好地管理他们的财产，更有效地参与股票市场交易，更好地进行金融投资，并且更可能选择低费用的共同基金（Hastings and Tejeda-Ashton, 2008; Hilgert, Hogarth, and Beverly, 2003; Lusardi and Mitchell, 2008; Lusardi and Mitchell, 2011; Stango and Zinman, 2009; van Rooij, Lusardi, and Alessie, 2011; Yoong, 2011）。而且，那些具有更多理财知识的人更可能积累更多的财富（Lusardi and Mitchell, 2011）。

研究发现，更高水平的理财素养不仅与资产的积累有关，而且还与信用、债务管理有关。具有更高理财素养的人，通常会选择低成本的抵押贷款，并尽量避开高利息和额外费用（Gerardi, Goette, and Meier, 2010; Lusardi and Tufano, 2009a, 2009b; Moore, 2003）。

除了以上指出的对个人的益处，理财素养的提升对经济和财政稳定也有重要意义，理由如下。具有理财素养的消费者会做出更加明智的决定，要求供应商提供更高质量的服务，这往往能够鼓励市场竞争和创新。具有理财素养的消费者以不可预知的方式对市场状况做出反应的可能性较小，做出毫无根据的投诉的可能性也较小，他们更可能采取恰当的步骤来化解被转移到他们身上的风险。所有这些因素，都会使理财服务更加有效，从而有效降低理财管理和理财监督的成本。凡此种种，最终都有助于减少政府对那些做出错误理财决定甚至于根本没有做出理财决定的人的援助（和税收）。

面向青少年和中小学的理财教育

在这种大的背景之下，对青少年和中小学理财教育的关注已不是什么新鲜的话题。如上所述，20国峰会、亚太经合组织甚至全世界都越来越把理财素养视为一项基本的生活技能（G20, 2012; APEC, 2012）。事实上，早在2005年，经合组织的建议中就曾提出，"理财教育应当从中小学抓起。人们应当尽可能早地在生活中接受理财教育"（OECD, 2005b）。支撑这份建议的有两个主要理由：聚焦青少年的重要性，在中小学进行理财教育的有效性。

聚焦青少年

由于科技的飞速进步，青年一代与他们的长辈相比，更可能在成年时涉及更多的理财事务，他们需要在生活中越来越多地使用理财服务。同时他们可能要承受比他们的长辈更多的理财风险。特别是，他们更可能要为自己的退休储蓄和投资负责任，满足自身医疗保健的需求。他们还必须面对日益复杂且不断更新的理财产品、服务和市场。

在越来越多的国家，青少年开始接触理财服务的年龄越来越早。甚至在成为青少年之前，他们就会接触在线支付设备或者使用移动电话（通过各种支付方式）进行财务活动。在他们离开学校之前，他们还需对诸如汽车保险、储蓄产品和透支等问题有所了解。不仅如此，理财技能的完善还可以提升青少年的创业能力，还可以为他们遭遇经济困境时处理危机提供附加技能。

由于新金融体系及其演变、社会福利体系（尤其是养老金制度）、人口发展趋势的复杂性，现在的一代可从父辈那里学习的东西越来越少。青少年将不得不依靠其自身的理财素养 [1]，这不仅包括理财知识本身，更为重要的是做出精明理财决策的良好能力、新习惯和态度，以及明智采纳专业理财建议的能力。然而，各国乃至全球范围内开展的调查表明，青少年呈现出了比其父辈更低水平的理财素养（Atkinson and Messy, 2012；Kempson, Perotti, and Scott, 2013）。

这些不断发展的新的能力需要个人在生活中通过一个不断完善的过程去获得。只有尽早地在生活中开始，这种过程才能取得实效并带来行为的改变（OECD, 2005）。事实上，澳大利亚、英国、美国等不同国家开展的研究和调查（关于文献评价，参见 Whitebread and Bingham, 2013）表明，理财习惯及态度的形成与发展发生在人生很早的阶段，很可能在儿童七岁之前就已经开始了。

青少年在参与重要的理财交易或签订理财合同之前拥有理财素养也是非常重要的。在许多国家，青少年在 15—18 岁时，他们（和父母）将要面对一个对他们而言极其重要的理财决定：是否要为大学或更高一级教育投资？在许多经济体中，受过大学教育和未受大学教育的职工的工资差距越来越大。同时，学生及其家庭需要承受的教育成本也在增加，这往往容易导致他们对信贷产生过度依赖（Smithers, 2010; Bradley, 2012; Ratcliffe and McKernan, 2013）。

最后，早期缺乏理财教育会使个体在成年时期在工作场所或者其他场合提升理财素养的努力所取得的成效大打折扣。因而，在人生的早期就得到机会打好理财素养的基础就显得尤为重要。

在中小学进行理财教育的有效性

在谈及青少年拥有更高理财素养的需求时，中小学在其中的角色是至关重要的。

研究表明，理财素养和家庭经济条件、教育背景都存在着联系：具备更高理财素养的人绝大部分接受过高等教育，或来自精于理财的家庭（Lusardi, Mitchell, and Curto, 2010; Atkinson and Messy, 2012）。为了使不同的人平等地获得接受理财教育的机会，为那些无法接触理财教育的人提供理财教育就是非常重要的。中小学在为改善更大范围内人群（包括来自低收入家庭或移民家庭的人等弱势群体）的理财素养方面具有优势，这将有助于人们打破理财素养不足的代际循环。中小学教育还可以间接地影响父母和教师，并将良好的理财习惯扩散到更广泛的社会群体之中。

此外，中小学还可以提供相关的环境来提高理财教育的教学质量和学习成效。我们可以利用现行课程、教学工具和学校资源来满足青少年的理财教育需求。中小学阶段的青少年拥有足够的时间和能力去学习，是最理想的理财教育的对象。接下来的章节将陈述各国理财教育有效实践的案例研究，介绍巴西开展的著名的理财教育成效评估的结果（Bruhn, et al., 2013, 即将出版）。这些研究和实践证明，以有趣而持续的方式传输理财教育是很有成效的（Lührmann, Serra-Garcia, and Winter, 2012）。

越来越多的国家认识到了青少年理财素养的重要性及学校教育所具有的独特潜力，开始在中小学进行理财教育。经合组织及国际理财教育网络正在进行的调查显示，已有40多个国家在中小学教育中引入了某种形式的理财教育。这种尝试在国家或区域层面展开，其中也包括试点。少数国家（数量在不断增多）已经以跨学科的方式将理财教育作为中小学一项必修课程引入了学校教育。

　　然而，也有许多国家强调了将理财教育引入中小学所面临的挑战：政府部门有限的政治意愿和责任意识、超负荷的课程、教师缺乏专业知识和专门技能、缺乏高质量的教学素材、缺乏时间和资源、牵涉不同的利益相关者等。

　　基于这一背景，第二章将概述一些国家的经验，这些国家已经克服了这些挑战，确保政府和公共机构能够提供支持，并采用灵活持续的方式将理财教育引入中小学。这一章还将着重阐述在中小学开展理财教育时获取支持的途径（包括教师培训、良好教学素材的开发）和确保课程可持续性的手段（包括构建专用资源、进行课程评估等）。第三章将陈述为中小学理财教育所设计的学习框架的具体内容。最后，附录展示了《国际理财教育网络中小学理财教育指南》（INFE Guidelines for Financial Education in Schools），该指南为政策制定者和利益相关者提供了关于在中小学引入理财教育的高水平的国际化指南，以及发展、完善现有学习框架的指导准则。

注　释

　　1. 参见理财素养框架对理财素养的定义（OECD, 2013a）——理财素养是有关金融概念和风险的知识和认知，以及以在不同的理财环境之下做出有效决定、改善个人和社会的财务状况、有效参与经济生活为目的，而运用这种知识和认知的技能、动机和信心。

参考文献

APEC (2012), Finance Ministers Joint Policy Statement. http://www.apec.org/Meeting-Papers/Ministerial-Statements/Finance/2012_finance.aspx.

Atkinson, A., and Messy, F. (2012), Measuring Financial Literacy: Results of the OECD / INFE Pilot Study. In OECD (Ed.), *OECD Working Papers on Finance, Insurance and Private Pensions*(No. 15): OECD Publishing. http://dx.doi.org/10.1787/5k9csfs90fr4-en.

Bernheim, D., Garrett, D., and Maki, D. (2001), Education and Saving: The Long-term Effects of High School Financial Curriculum Mandates. *Journal of Public Economics*, 85, 435-565.

Bradley, L. (2012), Young People and Savings. Institute for Public Policy Research, London.

Bruhn, M., Zia, B., Legovini, A., and Marchetti, R. (2014, forthcoming), Financial Literacy for High School Students and Their Parents: Evidence from Brazil. World Bank.

Cole, S., Sampson, T., and Zia, B. (2010, forth coming), Prices or Knowledge? What Drives Demand for Financial Services in Emerging Markets? HBS Working Papers 09-11. *The Journal of Finance*.

G20 (2012), Leaders Declaration, June. http://www.g20mexico.org/images/stories/docs/g20/conclu/G20_Leaders_Declaration_2012.pdf.

G20 (2013), Leaders Declaration, September. http://www.g20.org/load/782795034.

Gerardi, K., Goette, L., and Meier, S. (2010), Financial Literacy and Subprime Mortgage Delinquency: Evidence from a Survey Matched to Administrative Data. *Federal Reserve Bank of Atlanta*, 2010-10.

Hastings, J., and Tejeda-Ashton, L. (2008), Financial Literacy, Information, and Demand Elasticity: Survey and Experimental Evidence from Mexico. NBER Working Paper, 14538.

Hilgert, M. A., Hogarth, J. M., and Beverly, S. G. (2003), Household Financial Management: The Connection Between Knowledge and Behavior. *Federal Reserve Bulletin*, 89 (7), 309-322.

Kempson, E., Collard, S., and Moore, N. (2005), *Measuring Financial Capability: An Exploratory Study*: Financial Services Authority.

Kempson, E., Perotti, P. V., and Scott, K. (2013), *Measuring Financial Capability: A New Instrument and Results from Low- and Middle-income Countries*: International Bank for Reconstruction and Development / The World Bank.

Lührmann, M., Serra-Garcia, M., and Winter, J. (2012), The Effects of Financial Literacy Training: Evidence from A Field Experiment with German High-school Children. University of Munich Discussion Paper No. 2012-24. http://epub.ub.unimuenchen. de/14101/.

Lusardi, A. (2009), U.S. Household Savings Behavior: The Role of Financial Literacy, Information and Financial Education Programs. In C. Foote, L. Goette and S. Meier (Eds.), *Policymaking Insights from Behavioral Economics*: Federal Reserve Bank of Boston.

Lusardi, A., and Mitchell, O. S. (2011), Financial Literacy and Planning: Implications for Retirement Wellbeing. In A. Lusardi and O. S. Mitchell (Eds.), *Financial Literacy: Implications for Retirement Security and the Financial Marketplace*: Oxford University Press.

Lusardi, A., Mitchell, O. S., and Curto, V. (2010), Financial Literacy among the Young. *The Journal of Consumer Affairs*, 44 (2), 358-380.

Lusardi, A., and Tufano, P. (2009a), Debt Literacy, Financial Experiences, and Overindebtedness. NBER Working Paper No. 14808.

Lusardi, A., and Tufano, P. (2009b), Teach Workers about the Perils of Debt. *Harvard Business Review*, November, 22-24.

Moore, D. (2003), Survey of Financial Literacy in Washington State: Knowledge, Behavior, Attitudes, and Experiences: Social and Economic Sciences Research Center. Washington State University.

OECD (2005a), *Improving Financial Literacy: Analysis of Issues and Policies*: OECD Publishing. doi: 10.1787/9789264012578-en.

OECD (2005b), Recommendation on Principles and Good Practices for Financial Education and Awareness: OECD, Directorate for Financial and Enterprise Affairs. http://www.oecd.org/finance/financial-education/35108560.pdf.

OECD (2008), *Improving Financial Education and Awareness on Insurance and Private Pensions*: OECD Publishing. doi: 10.1787/9789264046399-en.

OECD (2009), Financial Literacy and Consumer Protection: Overlooked Aspects of the Crisis. http://www.financial-education.org/dataoecd/32/3/43138294.pdf.

OECD (2013), Financial Literacy Framework. In OECD, *PISA 2012 Assessment and Analytical Framework: Mathematics, Reading, Science, Problem Solving and Financial Literacy*: OECD Publishing.doi: 10.1787/9789264190511-7-en.

OECD/INFE (2009), Financial Education and the Crisis: Policy Paper and Guidance. June 2009. www.oecd.org/finance/financial-education/50264221.pdf.

Ratcliffe, C., and McKernan, S. (2013), Forever in Your Debt: Who Has Student Loan Debt, and Who's Worried. The Urban Institute and FiNRA

Investor Education Foundation.

Sherraden, S. M., Johnson, L., Guo, B., and Elliot, W. (2010), Financial Capability in Children: Effects of Participation in School-based Financial Education and Savings Program. *Journal of Family and Economic Issues*, 32, 385–399. doi: 10.1007/s10834-010-9220-5.

van Rooij, M. A., Lusardi, A., and Alessie, R. (2011), Financial Literacy and Stock Market Participation. *Journal of Financial Economics*, 101(2), 449-472.

Whitebread, D., and Bingham, S. (2013), Habit Formation and Learning in Young Children. Money Advice Service, London. https://www.moneyadviceservice.org.uk/files/the-money-advice-service-habitformation-and-learning-in-young-children-may2013.pdf.

Yoong, J.(2011), Financial Illiteracy and Stock Market Participation: Evidence from the RAND American Life Panel. In A. Lusardi and O. S. Mitchell(Eds.), *Financial Literacy: Implications for Retirement Security and the Financial Marketplace*: Oxford University Press.

第二章

中小学理财教育的实施

本章介绍了中小学引入理财教育时最具有挑战性的部分——实施过程（本书附录介绍了《国际理财教育网络中小学理财教育指南》）。本章为决策者提供了部分国家的相关经验和有效做法，这些国家的中小学已经或正在实施理财教育。本章首先给出了一些案例，介绍了获得政府和公共机构的支持的方法、在中小学引入理财教育的有效途径、进行跨学科的或独立的理财教育的方案。接下来，本章介绍了理财教育计划，包括从教师培训到优质教学材料的开发的全过程。最后，本章介绍了如何通过与私营部门合作以及对计划进行评估加强项目的可持续性。本章中的案例旨在展示不同国家在实施上述计划时如何利用特定的机构资源、教育框架、资金以及政治支持，以不同的方式处理同类的问题。

因为案例研究对理财教育计划的引入和实施具有重要意义，因此案例研究的主题由经合组织及国际理财教育网络挑选。2008—2013 年，经合组织及国际理财教育网络进行了持续的调查，开展了直接相关的案例研究。

提升和影响政治意愿的策略

学校理财教育方案的制定与实施需要多个不同背景的利益相关者的参与。其中，重要的是，政府和有关的政府公共机构需要发挥引领和协调的作用。

正如经合组织／国际理财教育网络国家理财教育战略高层次原则指出的那样（OECD/INFE, 2012），政府公共机构最适合提供国家层面的引导，并确保方案的可持续性和公信力（参见 Grifoni and Messy，2012；Russia's G20 Presidency-OECD, 2013）。它们也有工具和手段来计划和实施有效的沟通策略，以期让政策制定者和教育决策者认识到理财教育的重要性。它们可以找到将理财教育有效融合进中小学课程的方法，并评估何种工具能够对理财教育的实践提供有效支持。最后，政府公共机构很容易了解哪些理财教育方案有助于实现中小学课程的要求，这是确保所有其他利益相关者参与的基础。

然而，大多数国家都面临着这样的困难，那就是如何使政策制定者，尤其是教育系统认识到中小学理财教育的重要性。

依据本书附录中国际理财教育网络提出的原则，我们选取了五个案例（澳大利亚、巴西、新西兰、南非和英国）进行介绍，它们在影响政府的政治意愿以便将理财教育纳入中小学课程上虽有不同但都取得了成功。

澳大利亚的方法是将理财知识融入中小学课程中，这一方式以使用正规的教育手段和建立合作伙伴关系为基础。2008 年，澳大利亚国家金融监管机构——澳大利亚证券投资委员会（ASIC）——负责推进中小学理财教育。这个角色以前由一个理财素养基金会承担，该基金会 2005 年由澳大利亚财政部建立，目的是提高人们对消费的认识水平，并鼓励他们更好地理财。

巴西为把在中小学实施理财教育作为一项国家战略提供了一个很好的示范。这促使来自教育和财政部门的利益相关者开展结构性的合作，并在国家战略框架下创建了专门的中小学理财教育机构。此外，巴西的做法还表明需要在联邦的背景下展开对话。

新西兰的案例证明了为政策制定者提供高质量基线调查的重要性，该角色由一个强有力且领导明确的机构扮演，这一机构与教育部以及全国民营金融机构有着战略合作伙伴关系。关于国民较低理财素养水平的初步调查为高层公共部门与私营部门的合作提供了机会。由于政府高层担心这样的合作会忽视国家战略的某些方面，这种合作通常由高级政府官员任命的一个委员会掌控。

南非也是一个很好的例子。在当时还没有将实施中小学理财教育作为国家战略的情况下，南非积极推行与理财产品使用有关的信息普及和教育方案，鼓励利益相关者在中小学进行理财教育。在一个以产出为基础的强调生活技能重要性的教育框架内，南非金融服务理事会（FSBSA）在南非教育部的支持下，将理财教育融入中小学课程，并由地方政府负责国家项目在本地的实施。

最后，英国也是一个很好的例子。在这个国家，拥有自主性和强烈意愿的金融机构能够对政策走向提出建议并给予支持，能够有效地与政府公共机构和相关政府部门取得合作，并获得政府的支持。在引入和实施中小学理财教育时，英国能同时明确不同人群的重要性，培养相关人员进行理财教育的意识，获得教育系统尤其是教师的支持。

澳大利亚

澳大利亚教育系统的结构使得将理财教育融入中小学课程面临着几点挑战。

澳大利亚共有 6 个州和 2 个地区，每个州和地区都有各自的法律，负责本地区的学校教育、课程安排及在州立课程体系内对课程的评估。在每个州和地区均设有三个教育部门：政府教育部门、天主教教育部门和私立学校部门。在每个学校系统中，学校都要应对地方、州和国家的安排。这些安排影响着政府规定的课程框架，还使得各州和地区不得不艰难地选择如何依次处理各项安排。

各州的教育责任是实现中小学教育的国家目标和完成国家层面的安排，这些事务由联邦、州和地区教育部门部长级官员组成的部长级理事会商议决定。在过去的30年里，各个地区的学校教育课程体系必须遵循和支持国家中小学教育和课程目标，也必须与国家的课程说明保持一致，这些课程包括英语、数学、科学、公民和公民权利以及信息与通信技术。这些课程都有国家资助以及国家级的测评。在这些国家统一规定的领域以外，学校可灵活设置其他课程。直到最近，在各行政管辖区，理财教育尚没有被视为一个核心的教育版块，它作为一门选修课在初中出现。在中小学教育中引入理财教育的政治意愿的提升关键在于全国消费者与理财素养框架（National Consumer and Financial Literacy Framework）的发展。2005年，澳大利亚每个州和地区的教育部门部长级官员，以及教育、就业、培训和青少年事务部长理事会（MCEETYA）[1]的成员，负责上述理财素养框架的发展。这确保了所有州和地区都能掌握理财素养框架。

2005年，澳大利亚的所有行政管辖区都签署了这一理财素养框架，并且所有的州和地区都同意从2008年开始将理财教育融入现有课程。依据2008年协商后的新中小学国家目标[2]，这个框架在2009年进行了更新。澳大利亚新国家课程[3]在2011—2016年逐步实施，促使上述框架在2011年进行了第二次更全面的修订，以确保学生学习内容和进度能与新课程一致。所有教育行政管辖区均认可该框架的变更。

自2008年末以来，澳大利亚中小学教育经历了显著的变革，包括为2011年澳大利亚新国家课程的出台做准备。澳大利亚课程、评估和报告管理局（Australian Curriculum, Assessment and Reporting Authority, ACARA）成立于2009年，主要负责在各学科领域开发从幼儿园到12年级的新课程。[4]各州和地区的教育部门则负责这些课程的实施。

新国家课程的出现为加强澳大利亚中小学理财教育的一致性和连续性提供了一个绝佳的机会。2009—2010年，澳大利亚证券投资委员会重点推动了理财教育与国家课程框架内相关学习领域的整合。通过与有关专业协会的合作，在澳大利亚政府理财素养委员会（Australian Government Financial Literacy Board）的支持下，澳大利亚证券投资委员会积极参与数学、英语和科学课程草案的讨论。因此，在这些课程领域中，理财素养的内容得到了加强。例如，在数学课程中有一章节叫作"金钱和理财数学"。澳大利亚证券投资委员会持续大力提倡将理财素养的内容和背景融入其他课程的开发中。例如，2013 年 12 月批准的经济和商业课程草案就包括消费和理财素养的内容。

2011 年，澳大利亚证券投资委员会主持了对全国消费者与理财素养框架的审查，以调整该框架的维度和内容，使之与澳大利亚新国家课程更为一致，这一调整还考虑到了国际教育与理财素养研究的发展。由于科学技术影响着澳大利亚人日常使用的网络和数字化环境，该调整也考虑了科学技术的快速发展。这一框架目前在整合国家 10 年义务教育和理财教育的途径方面达成了一致，并且为如何设计主题以推动教学进展提供了指导。

澳大利亚将理财素养融入中小学课程的做法，是基于它已有机制、教育方法和合作伙伴关系确定的。影响公共政策的能力以及找出政府和教育间联系的能力对于将理财素养融入中小学课程而言都是必不可少的。磋商在 2005 年初始框架的制定中是非常关键的。研制这一框架的教育、就业、培训和青少年事务部长理事会工作组成员，包含来自所有行政管辖区教育部门的高度专业化的教育专家团队，他们熟知国家和地方的教育现状，与利益相关者建立了联系，彼此间形成了高效和相互尊重的关系。2011 年理财素养框架修订时，各州和地区也沿用了此种合作方式。

自从 2005 年澳大利亚全国消费者与理财素养框架首次达成共识以来，在中小学课程中引入理财素养遇到了一个重大挑战：如何培养全国教师的相关能力。2007—2009 年，澳大利亚政府专门拨款，用以发展和资助一个国家级的专业学习项目，该项目旨在提升教师对全国消费者与理财素养

框架的认识，并将其融入本州或本地区的课程体系内。在 2011 年和 2013
年的州预算里，政府向澳大利亚证券投资委员会提供了进一步资助，用以
发展精明投资（MoneySmart）教学项目和提供相应的资源，以确保教师
能够有效地将理财素养作为澳大利亚课程的一部分来进行教学。所有的专
业学习项目均已完成，而且均作为州和地区教育部门的正式合作项目开展
或与其联合开展。

巴　西

在巴西，在中小学中引入理财教育是一项巴西国家优先战略
（ENEF）[5]，该战略是在国家理财教育委员会（*Comitê Nacional Educação
Financeira*, CONEF）的指导下制定的。在此之前，在中小学引入理财教
育是由国家战略领导体系中一个很小的机构与私立金融机构合作而进行
的。理财教育的引入首先通过公立高中的试点项目进行（请参阅下文的评
估部分）。

2007 年 11 月，巴西政府成立了一个工作组，为金融系统、资本市
场、私人保险和社会福利监督管理委员会（COREMEC）进行的理财教育
制定国家级的战略。该工作组聚集了来自巴西中央银行（CBB）、巴西证
券交易委员会（CVM）、巴西国家养老基金监管局（PREVIC）和巴西保
险监督管理局（SUSEP）的代表。

2009 年，金融系统、资本市场、私人保险和社会福利监督管理委员
会批准了一项国家战略的草案，其各部分分别由四家金融监管机构撰写。
其中一个方案的主要内容是在巴西证券交易委员会的协调下，将理财教育
引入中小学。其他金融监管机构主要负责审查将理财教育融入中小学课程
的行动计划和指导纲要。值得注意的是，教育部和其他教育机构从一开始
就投入了相当大的努力来进行参与和合作。

鉴于该国的联邦制结构，这种合作是必不可少的。在巴西，联邦政府

设置了学校的一般标准，但并不直接负责学校的管理，只有少数例外。在小学和中学，主要是本地（市）和地区（州）负责学校的管理，这两个层级在决定中小学课程方面享有很大的自主权。

为了应对这种复杂性，工作组遵循教育部的意见成立了一个教学支持集团（*Grupo de Apoio Pedagógico*，GAP），集团的代表们来自地方政府和巴西联邦的 27 个州、最相关的联邦学校、私营部门和联邦政府。该集团还提供一些技术建议，以使理财教育项目与官方的教育更一致，并使理财概念更灵活地融入小学和初中的正式课程中。

这一集团为国家战略中与理财教育相关的所有项目提供教学指导。它由联邦立法正式成立，由教育部主管，成员来自教育和公共金融机构：

- 巴西教育部（MEC），集团主席及执行秘书所在部门；
- 巴西中央银行；
- 巴西证券交易委员会；
- 巴西国家养老基金监管局；
- 巴西保险监督管理局；
- 巴西国家教育委员会（CNE）；
- 巴西教育部下属的联邦教育机构（不超过 5 个）；
- 巴西全国教育部长委员会（CONSED），在巴西州政府工作的教育专业人士和受到邀请的市教育管理者协会（UNDIME）。

这一体制机制的建立使财政部门和教育当局之间，以及中央与地方政府之间，可以开展永久性对话。

新西兰

2007 年，理财素养被列入新西兰课程体系（NZC）[6]。发展理财素养作为一类典型的教育主题受到了重视，学校可以利用这一主题开展有效的跨学科教学和学习。它进一步强调了一个事实，即所有的学习都应该围绕学习领域之间存在的自然联系，以及这些领域的价值和核心能力进行。新西兰课程体系的愿景是：学生将成为自信的、广博的、积极参与的终身学习者。理财素养这一跨学科主题为这一愿景提供了一个环境，让学生成为：

- 为了自己和新西兰利益奋斗的进取者和奉献者；
- 见多识广的决策者；
- 具备理财素养和计算能力的人。

在新西兰，帮助学生成为负责、自信和能独立管理金钱的人的最终目的是让他们具备生活、学习和工作的能力，并成为一个能对社区有所贡献的积极分子。

新西兰第一个理财素养国家战略于 2008 年 6 月推出，于 2012 年进行了修订，目前包括了一个需要众多利益相关方参与的五年行动计划。该战略的主旨是提高新西兰民众的理财素养。其重点是提升理财教育的质量，扩展其应用面，分享那些起作用的策略并共同努力推进。该战略和行动计划的目的是鼓励机构和组织朝向共同的目标努力，并实现既定目标。理财素养与退休收入委员会（Commission for Financial Literacy and Retirement Income）是该战略的秘书处。该战略由政府高级官员组成的董事会监督，其中包括教育部部长，并由一个主要金融机构的主席主持。

2009 年 6 月，完善理财素养框架、促进与发展中小学理财教育的责任正式被转交给教育部。

此举旨在给所有学校在全面实施有效的理财教育计划方面灌输一种紧迫感。新西兰学校的自治体系理财教育既带来了机遇，也带来了挑战。校长作为教学和学习的领导者，肩负着与其教职员工以及社区共同规划中小学课程（需与国家课程体系保持一致）的责任，以及引导学校教学方向的责任。

新西兰质量评估局还制定了一套评估标准，用来评估高中生的理财素养。在使用的同时，这些学校也对评估标准进行监测。

理财素养与退休收入委员会与教育部密切合作开发资源，以支持中小学的教学和学习。一系列教学和学习资源已经被供应商开发出来，相关人员可通过教育部网站获得。其中一些资源旨在与个人理财管理课程、新西兰课程体系和新西兰质量管理局的一系列评估标准建立连接。

该委员会还促成了每年九月第一周举行的货币周活动。这种在一周内聚焦于理财能力的活动能为教师提供更多的资源和支持。在货币周，学校可以参加一系列和资金有关的主题活动，如学校范围内的测验、竞赛、研讨会和展示。此外，教师可获取的资源也越来越多。

南 非

南非金融服务理事会一直是南非中小学理财教育的主要推手。它是一个独立的机构，用来监督南非的非银行金融服务行业。南非金融服务理事会的使命是促成和维护南非健全的金融投资环境。

消费者教育战略的愿景是：所有南非人都可以正确管理他们的个人及家庭财务，并且能发现并报告不负责任的金融服务商。作为该战略的一部分，南非金融服务理事会将正规教育部门作为理财教育和消费者教育的一个关键领域。

南非政府 1994 年进行了第一次民主选举，并在此后开始重组南非教育系统，重点解决种族隔离带来的不公平问题。此次重组，南非成立了教育部和九个省级教育部门，以管理南非的教育系统。2009 年，南非教育部被分为基础教育部（DBE）及高等教育和培训部（DoHET）。基础教育部负责正规教育，高等教育和培训部负责高等教育。两个部门都负责制定政策，研制规范和标准，并监督和评估各自负责的各级教育。基础教育部与省级教育主管部门共同负责学校教育。但是，南非宪法却赋予了省议会和政府在教育事务上的权力，这是这个国家的政策架构。1996年颁布的《南非学校法》(South African School Act)，进一步下放了公立学校的自治权，民主选举产生的学校管理机构由家长、教育工作者、非教育岗位的员工和学生（中学）组成。

因此，基础教育部的作用是把政府的教育政策和宪法的规定纳入国家教育政策和法律框架，这需要由省级部门负责实施。这些教育改革以课程框架的开发为基础，该课程框架的目的是使学习者具备自我实现和有意义地参与社会活动所必需的知识、技能和价值观，而不论其社会经济背景、文化、种族、性别、身体或智力状况如何。在2003年《国家课程声明》(NCS)的设计和开发过程中，南非金融服务理事会连同其他金融领域的利益相关者向教育部提出建议，建议将理财教育作为一个特定的主题纳入常规教育中。其结果是，对于R—9年级（5—15岁），在经济管理学（EMS）中引入理财教育；对于10—12年级（16—18岁），将理财教育融入会计、数学、数学素养、商业和经济等科目中。2010年，为适应R—12年级的《课程评估和政策声明》(CAPS)，《国家课程声明》进行了审查和修订。修订后的《国家课程声明》从2012年开始逐步实施，在2014年完成。《课程评估和政策声明》旨在通过提供明确的教学主题、教学计划和评估策略，使课程更容易被理解和接受，从而简化教学过程。

《国家课程声明》的修订及《课程评估和政策声明》的引进促使跨学科的主题和知识架构得以调整。根据《课程评估和政策声明》，7—9年级（12—15岁）将开设经济管理学课程，其中40%的课程将聚焦理财素养。理财素养也将被融入10—12年级（16—18岁）的会计、数学素养、消费者研究、商业和经济的相关课程中。南非金融服务理事会通过开发《课程评估和政策声明》的相关课程材料和向老师提供培训，继续为基础教育部提供理财素养提升方面的支持。所有材料的研发都得到了基础教育部的批准。

在南非，促使基础教育部做出引入理财教育的政策更改与说服省级教育部门实施国家一级的方案是同时进行的。在这一过程中，南非金融服务理事会设法获得了教育部部长对其教师发展计划的支持。南非金融服务理事会与基础教育部部长和指定人员定期沟通，沟通内容包括维护学校理财教育项目带来的监管机构与基础教育部之间的宝贵关系，这使南非金融服务理事会继续获邀与基础教育部合作开展理财教育项目。2013 年，南非金融服务理事会收到了来自基础教育部的特别嘉奖，表彰其在中小学课程中引入理财教育所做的努力。

英　国

在英国，理财教育最初由英国金融服务管理局（FSA）领导。金融服务管理局是一个独立的非政府机构，2000 年的《金融服务和市场法》（Fiancial Services and Markets Act）赋予其规范英国金融服务业的法定权力。2013 年 4 月，金融服务管理局被财政行为管理局和审慎监察局代替，它的一些职责转交给了英国中央银行。在此次机构变革之前，金融服务管理局所承担的理财教育责任在 2010 年被转给消费者理财教育机构，即现在的资金咨询服务机构（Money Advice Service，MAS）（见下文）。

资金咨询服务机构是最近（2013 年 12 月）参与到理财素养的教育中的，理财素养的教育是修订后的英国理财素养国家战略的一部分，该战略于 2014 年颁布，着眼于个人毕生发展的理财素养，用来帮助人们最大程度上管理好自己的钱财。通过发展青少年的技能、知识和行为培养他们的理财素养是该战略的核心，这项工作由最近启动的理财素养和教育活动来承担。

四个英联邦区域的教育课程均引入了理财教育，这是与金融服务管理局最初的强力引领分不开的。其中，议会为金融服务管理局设置的四个目标之一就是促进公众理解金融体系，而金融服务管理局的一个战略目标则是确保消费者能够获得公平的交易。

作为工作的一部分，金融服务管理局在 2003 年秋天召集了政府、金融服务行业、雇主、工会、教育和志愿组织中一些关键的人和组织，与其建立了合作伙伴关系，共同绘制了英国公民理财素养阶段性变革路线图。这直接促使了理财素养国家战略的产生，该战略于 2006 年开始执行。该战略的七个主要项目之一是确保学校中的青少年对理财持积极态度。2005 年学校开展的理财素养的基线调查为这一工作的展开提供了信息。2006 年公布的《开启学校的跨越式变革》（Creating a Step Change in School）[7] 就是依据该研究得出的，这份文件提出了一个双管齐下的策略：（1）提高理财教育在英国国家课程中的形象和地位；（2）确保教师有信心和能力为学生开设理财课程。

为完善金融服务管理局的国家战略，2007 年英国政府制定了提升国民理财素养的长期愿景，其中包括，每个儿童都将在学习中接受有计划的连续个人理财教育项目。2008 年，英国政府和金融服务管理局制定了一个关于理财素养的联合工作计划，其中列出了金融服务管理局理财素养国家战略和一系列的政府项目，包括能够支持学校个人理财教育的重大联合工作方案，用以支持公民理财能力的提升。

在 2008 年 3 月的报告里，教育标准办公室（OFSTED）提出了若干发展个人理财教育的问题。在其他研究中也发现了类似的问题，如苏格兰政府报告中的"苏格兰学校理财教育"项目，由国家教育基金会报告的金融服务管理局资助的个人理财教育集团的"资金事务学习"项目。具体问题包括课程时间不够，教师缺少学科知识和专业技能，有关部门缺少提供资源和其他形式支持的意识，以及 16 岁后教育条款的多变性。

金融服务管理局的作用是确保个人理财教育可以融入教育政策的框架

中，并为教师提供开展个人理财教育的支持。英国金融服务管理局具有广泛的职责，这意味着它能很好地统筹包括英格兰、苏格兰、威尔士和北爱尔兰在内的学校理财教育。为了更好地促使政府将理财素养融入中小学课程，金融服务管理局与整个英国的教育政策专家一起工作。由于教育功能下放，金融服务管理局与英格兰、苏格兰、威尔士和北爱尔兰的政策制定者一起，核查所有包含个人理财教育内容的政策框架，并展示如何将个人理财教育以有意义的方式引入学校教育。金融服务管理局于 2004 年成立了学校工作组，该工作组由来自整个英国关键政府部门的代表组成，以确保项目从建立开始就能够得到足够的投入。该战略的"开启学校的跨越式变革"说明了设立这个工作组的目标。

金融服务管理局与教育专家合作，抓住了将理财教育融入现有英国课程改革的机会，利用这个机会，将理财教育作为更为广泛的课程改革的一部分写入了国家课程。例如，他们有效参与了 2007 年英格兰的初中课程改革。2008 年英格兰初中实施新的课程时，理财教育得到了更高的地位和更广泛的认可。

英国强调个人理财教育的跨学科性质，使教师能够将个人理财教育融入已有课程。通过单独的课程设置或者将理财教育作为其他学科的一部分开展理财教育，能让理财教育在本已繁多的课程中占有一席之位。金融服务管理局发现这种方式有利于将理财教育整合进已有课程。例如，许多学校在个人社会健康和经济教育（PSHE）以及数学课上开展理财教育，也有学校将理财教育整合进家政、英语、地理和戏剧课程中。通过强调理财教育的跨学科性质，金融服务管理局确保理财教育没有被看作一门新的学科，而被教师整合进现有课程。

当与政府合作时，金融服务管理局适度影响着政府的高端政策。例如，英格兰"每个孩子都很重要"（Every Child Matters）项目的五大任务之一就是确保所有孩子"实现经济健康"。金融服务管理局推进的学校个人理财教育是该政策出台的关键助力。同样，威尔士的金融普惠性行动计划也与理财素养密切相关。这一行动计划非常成功。将理财教育融入学校教育至关重要，可确保威尔士人长大后能够做出适合自己的理财选择。

金融服务管理局的工作，特别是教育部部长的支持，能够确保理财教育在不同年级都被融入英国的国家课程中，尤其是融入人格、社会以及数学课程框架中。例如，在英格兰，理财教育是个人社会健康和经济教育课程中的重要一环，学生可在数学和公民课上学习个人理财的有关知识。

从 2014 年 9 月开始，理财教育成为英格兰国家课程中的必修课。对北爱尔兰和苏格兰特定年龄的学生来说，理财教育是必修课（见第三章，北爱尔兰理财教育学习框架、苏格兰理财教育学习框架）。在威尔士，自 2013 年 9 月起，使用读写和计算框架（LNF）成为学校课程的强制性要求。这是一个课程规划工具，为发展跨学科的各种技能，包括理财技能提供机会，并从基础阶段开始向学生传授理财知识。它支持所有的教师在自己所教授的课程中植入理财教育。它还提供政府授权的 5—14 岁儿童的强制性学习标准。

然而，即使有法律规定，理财教育的教学质量也不能得到保证，因为只有有足够的教师培训，既包括教师入职培训，也包括专业发展性培训，才能确保国家课程的有效教学。因此，政府需向学校明确理财教育的重要性。这一工作可分为三个不同的水平：教师需要足够的培训和支持以拥有足够的信心和能力进行理财教育；学校需要明确理财教育项目计划性和连续性的重要性；政府政策需要足够重视理财教育。对和学校理财教育密切相关的一些部门，如政府、监管机构、志愿机构和金融服务行业来说，重要的是了解每个部门可做的贡献。金融服务管理局的工作是协调这些部门，鼓励它们共同参与到学校理财教育中，并确保各项工作的互补性，尽可能避免重复。

将理财教育引入中小学课程的有效途径

以上的内容说明了政府的意愿和支持对开展并成功实施学校理财教育的重要性。下面将重点说明在考虑国家、地区、当地教育系统的具体特点的基础上，将理财教育纳入学校课程的最佳途径。

经合组织及国际理财教育网络所做的定期调查，以及国际学生评估项目 2008—2013 年的理财素养评估显示，很多国家（目前超过 40 个）都在学校中开展了理财教育项目（包括小学、初中和高中）。其中，为数不多的国家将理财教育作为必修主题或课程的一个组成部分（见附录 3.1 中的附表 3.1.1）。

不同的国家采用不同的理财教育整合方式。在少数地区（以美国一些州为例），理财教育是一个独立的选修课程。在大多数地区，理财教育是通过跨学科的方式整合到多个课程中的。将理财教育整合到数学课程中是最普遍的做法。其他学科也可以与理财教育整合，如经济、政治、历史、社会科学、家政、商业研究、社会、创业、社会和公民素养、个人社会健康和经济教育、生涯教育、终身学习和工作、公民权利、语言或文学、科学、公民学、信息与通信技术、道德教育、经济和管理科学、会计以及消费者研究等。

无论是整合进其他学科，还是成为一个独立科目，为教师提供直观的教学工具，对于将理财教育持续融入学校现有课程中都是至关重要的。在跨学科的路径中，提高理财知识的可视化程度是非常重要的，课程或学习框架的设计需要提高理财知识在真实情境中的可用性。对学校来说同样重要的是，在课程或学习框架中，不同年级对理财知识的教授需循序渐进。经合组织及国际理财教育网络的调查证明，有 12 个已制定理财教育全面学习框架的国家调整了教育体制和课程以使其与理财教育相适应（见第三章）。

本节列举了四个将理财教育融入国家课程的国家的案例，它们采取的方法都很灵活。在巴西，联邦和地方政府采用跨学科的路径，并在高中进行了试点。在新西兰，理财教育在教育部部长的支持下通过跨学科的路径融入新西兰课程体系中。在北爱尔兰，理财教育具有强制性，经课程考试与评估委员会（CCEA）推荐整合进了其他课程中。在南非，南非金融服务理事会达成了一项协议，允许开发适用于跨学科路径的理财教育课堂资源。本书附录和第三章给出了如何在中小学将理财教育整合进学习框架的指南。

巴　西

学校理财教育指南（COREMEC, 2009b）由巴西国家理财教育委员会批准，由来自联邦与地方教育部门及教学支持组织国家财政机构分部的相关人员共同合作起草，并选择通过跨学科的路径在学校引入理财教育。

在各种思潮和现象相互影响的背景下，理财教育逐渐被引入学校。学校需要为学生价值观、知识和技能的发展提供支持，这对于促使学生形成自主的理财生活是至关重要的。在学校理财教育计划的实施过程中，学校理财教育指南确立了一系列理财教育的目标，这些目标或者与空间维度有关，或者与时间维度有关，或者与理财生活的平衡（在消费与储蓄之间通过正确的规划实现平衡）有关。通过学校理财教育指南，巴西当局加强了个人行为与其对社会影响之间的联系。

学校理财教育指南规定了理财教育的空间和时间维度的目标。空间维度的目标是培养公民意识，教会人们以一种熟悉且负责的方式消费与储蓄，以及基于理财态度和培训维度的变化为自主决策过程提供概念和工具（通过这种方式对青少年进行教育可以对家庭和社会产生积极的效果）。在时间维度，学校理财教育指南的目标是推行短期、中期和远期规划，培育理财文化，以及提供流动人群、主流人群和个体范围的理财教育。

而且，学校理财教育指南中的教育学部分认为理财教育一方面推动了不同领域知识的交流，另一方面需要和已经存在的课程的不同主题进行结合。学校理财教育指南将环境、工作、消费以及税收教育作为教学科目，以使理财教育更容易与已有课程进行融合。

学校理财教育指南还将理财教育的空间和时间维度用于推动未来教师和学生的发展。该指南特别强调让学生面对多种情况的必要性，以使学生能在置身地方、地区、国家与全球环境的大背景下成功处理未来生活中的理财问题，同时，帮助学生将目前的行动与未来的目标和梦想的实现联系起来。

为了满足这些标准，学校理财教育指南规定，教学材料必须能够：

- 促进学生的个性和社会性的成长；
- 在不同学习和学科领域为学生提供不同的学习机会；
- 有助于开展与社区相关的活动；
- 根据学生年龄和学习内容考虑娱乐元素的重要性；
- 为教师提供路线图；
- 帮助学生探索先验知识；
- 尊重文化多样性和地区差异；
- 更为容易地根据不同场合和最新情况进行修订；
- 显示作为教学补充的技术工具和资源的可能应用。

最后，为了适应那些能够从联邦政府获得教学自主权的地方学校的教育系统，巴西政府制定了灵活的理财教育实施方案，让不同学科的教师可以自由选择。

新西兰

在新西兰的学校，理财素养被包含在了新西兰课程体系之中。新西兰课程体系鼓励教师和学生重点关注未来的焦点问题，如公民意识和创业。提升理财素养可以通过明确社区参与等价值观如何影响个人理财目标和行动来帮助人们获得公民意识。

提升理财素养还提倡人们在不同学科领域间建立联系，特别是在社会科学、数学与统计学以及英语之间建立联系。理财素养很容易在真实情境中培育。它能够为学生提供生活技能，并为学生未来的学业和事业发展拓宽路径。

新西兰课程体系为青少年描绘了一个构想，那就是"创新，活力和进取；自信，沟通，积极参与和终身学习；持续提升价值、知识和能力，能够过上充实而令人满意的生活"，学生"能够参与社区活动"，并"成功成长和充实地生活"（The New Zealand Curriculum，2007）。

新西兰教育部的理财教育模式已经通过理财素养与退休收入委员会的早期工作进行了传播，该委员会设计、试验和独立评价最初的理财教育学习框架（教育部最新修订和更新的框架参见附录3.4）。该委员会的工作是为制定最高效的理财教育方案提供证据，这些教育方案与新西兰课程体系的重点和实施方法密切相关。这些方案已经在教育部的工作下得到了进一步的完善。

教育部设有一个专门的网站，该网站以理财教育学习框架为基础，可以促使和支持教师将理财教育融入他们的教学中。该网站是教育部开发的一个更大的网站的一部分，后者为实施修订版的新西兰课程体系提供支持。

跨学科的路径

发展学生的理财素养是跨学科教学和学习项目的典型主题，这种跨学科的路径能够为教学提供一个真实环境，使社会科学、数学、统计学、英语、商学、健康和技术等学科相互联系。理财教育还能为加强读写能力、计算技能、理解能力，发展关键能力，培育价值观提供相关背景环境。

除了常见的理财素养教学方法，该网站提供的理财素养进展框架（见附录3.4）可被学校用作规划和追踪学生学习的指南。理财素养进展框架提供了基于具体课程的学习成果框架，可配合课程中的计算问题进行评估。提升理财素养是一个获得真实的学习经历，探索和示范公平价值观，确立优先事项，延迟享乐，明确家庭或文化义务的机会。进行理财决策时，学生需要了解这一决策可能会给其他人（包括家人、朋友和其他社区成员）带来的影响。

社会调查的路径

当采用社会调查的路径获取理财知识时，相关的理财素养网站可以为高效教学提供具体指导。当采取社会调查的路径时，学生需要：

- 提出问题，搜集信息，研究当前的有关问题；
- 探索和分析人们的价值观和观点；
- 考虑人们的决策方式；
- 对获得的新认识和所对应的行为进行反馈与评估。

创建支持性环境

理财素养可在真实且有效的环境中获取。这需要学校发展相关课程，以及可以帮助学生将理财素养与更广阔的生活联系起来的有意义的方式。理财教育还为家庭和社区构建有意义的伙伴关系提供了机会，并鼓励教师考虑不同的文化价值观对理财决策的影响。

已有的两个国家课程均鼓励学校帮助学生了解和探索新西兰丰富且多样的文化，帮助学生树立有关需求和愿望、好客（*manaakitanga*），以及家庭、责任与协作（*whakawhanaungatanga*）的价值观。在学校和学生成长的文化环境之间建立有效联系被视作创建支持性学习环境的主要组成部分。这些富有成效的联系能够确保知识和专家的意见为家庭、社区和教育工作者共享。

学校案例

教育部网站提供了一些学校的案例，展示了一系列行之有效的教学方法。[8] 这些案例通常用书面报告和数据的形式展示。学校的案例包括以下内容：

- 8 年级结束的时候，具有理财素养的学生的样子（与地方社区进行联系、召开研讨会可以帮助学校回答这个问题）；
- 初中——利用学校调查法为班级旅行筹集资金，高中——确立一个理财目标并在学期内努力实现；
- 一项跨学科调查（学生将集体生活视作一个"家庭"，并成功地管理他们的钱财）；
- 一个跨学科单元（聚焦学生对卓越和社区价值的理解，以及在获得预算和储蓄的技能之后能够在离开学校开始一天旅行时进行自我管理的能力）。

北爱尔兰

在北爱尔兰，对于 4—14 岁的学生来说，理财教育具有强制性（2010年起）。理财素养被看作一种关键的必备生活技能，能够使年轻人获得知识、认知、技能和信心，从而有效进行理财决策。在需要将理财素养贯串全部有关经济意识的课程和学习领域的背景下，北爱尔兰推荐采用综合课程方案进行理财教育。

为了支持中小学将理财素养融入课程，课程考试与评估委员会设立了一个专门的理财素养网站。[9] 该网站提供了五个阶段的预期学习成果说明，即基础阶段和关键阶段 1 至关键阶段 4，同时也提供了关于如何高效提升理财素养的指南。

在小学阶段，理财素养主要通过数学教学，以及相应的跨学科教学传授。以下是预期学习成果说明和在基础阶段推荐的学习活动，都已公布在理财素养网站上：

> "在基础阶段，孩子们讨论付费购物的必要性（将货币兑换为商品）。他们学习不同的支付方式，如现金、支票、信用卡、借记卡等。他们谈论并认识在不同场合中使用的硬币（从 1 便士到 2 英镑）及其所扮演的角色，熟悉硬币的日常使用。他们谈论钱币来自哪里，如何获取，以及如何保护它们的安全。他们探讨在哪些方面花钱以及花钱的感受。他们探讨拥有多余的钱意味着什么，人们可以用多余的钱去做什么。"（北爱尔兰课程网站）

在中学阶段，理财素养是关键阶段 3 中数学学习的一项强制性内容，学生重点学习理财知识、理财技能和理财责任。法定声明提出，年轻人应该有机会获取个人理财方面的知识和认知，并拥有对理财决策负责的技能，能够将数学技能运用到日常财务规划和决策中。

理财素养也是家政学习领域中的强制性内容，同时还是独立生活的关键要素。法定声明指出，年轻人应该有机会：

- 培养一系列的技能，并通过规划、管理和使用资源保持独立性；
- 探索未来独立生活的情景；
- 探索一系列能够影响消费者选择和决定的因素；

- 探索消费者在不同场合的权利、责任和可获得的支持。

作为经济意识的重要组成部分，理财素养在各学习领域都获得了更多的重视。[10]

在关键阶段 4，理财素养包括在了与生活和工作学习有关的强制性要求中。数学涵盖了个人理财中的计算因素。选修课程中也有可能包含理财知识，如理财服务中的中等教育普通证书（GCSE）新试点课程，以及关于经济学和家政的中等教育普通证书课程。

与各阶段预期学习成果的说明一样，理财素养网站提供了特定课程的链接，并显示了理财素养是如何被并入不同的研究计划中的。草案概览还提供了把各个阶段的理财素养并入强制性学习领域的方式，以及各学习领域的特定学习成果描述，这些学习领域均有相关的推荐活动。[11]

理财素养网站以提供各阶段案例研究的形式为有效实践提供了进一步的指导。这些案例研究由教师撰写，记录了他们使用的教学方法。在学生感兴趣的日常情景中为学生提供展示理财素养的机会，这是大部分课程的基础。

这些案例包括：基于有限预算制作一种健康的零食；去超市采购固定物品；为学校旅行编制预算；对购买特定消费品的方式进行调查。关键阶段 3 和关键阶段 4 的课程，经常会涉及数字媒体资源的使用，如 DVD、网站和交互式在线游戏。

南　非

在南非，保证理财教育被纳入正规教育的第一步是将教育作为增进理财意识的一个关键领域。这需要研究将理财教育纳入《国家课程声明》特定学习领域和学科的可能性，或研究将理财教育作为课外活动的可能性。前者更为重要，因为它表明，教师将把课程以外的东西也视作他们现有课程计划的一部分。

南非金融服务理事会以及其他利益相关人员建议当时的南非教育部将理财教育视作特定科目和学习领域的一部分。南非理财教育的下一步计划是依托教育部以及九个省的教育部门，制订详细的方案和计划。虽然没有签署官方的谅解备忘录，但这些部门已经达成了一项协议，允许南非金融服务理事会和教育部及省级教育部门合作开发教室资源。该协议由基础教育部和南非金融服务理事会执行，由其提供各种《课程评估和政策声明》，为教师提供资源支持，特别是在经济管理学、会计和数学素养方面。

在中小学引入理财教育的支持性工具

教师培训

已在中小学实施理财教育的大多数国家都在强调教师培训的重要性，并将其视作在学校中成功引入理财教育的一个重要组成部分。的确，教育系统支持理财教育的内容之一就是为教师提供高质量培训教材、培训以及其他支持。而且，虽然学校理财教育可在政府层面获得支持，但除非教师积极支持并付出行动将理财教育纳入他们的教学计划中，理财教育对学生的影响就不会大。

这种培训既可以作为教师职前培训的一部分，也可以作为以后教师终身培训中职业培训的一部分。在这两种情况下，相应的培训均应当由专业人员来实施，并按照预先确定的指导方针进行。培训人员应特别关注相关课程对在学校实施理财教育的要求，并熟悉那些将来在教师的课堂中会被使用到的教学工具。

另外，多数在中小学实行理财教育的国家还为教师提供了大量的教学资源以支持课堂教学：纸质材料，以及可以通过互联网、学生竞赛、游戏和电影进行交互式学习的资源。这些资源由教育部、国家银行、私营部门和非政府组织共同确定。

以下五个案例研究描述了澳大利亚、加拿大及不列颠哥伦比亚省（以下简称加拿大）、英国、日本和南非为支持理财教育而提供的培训。

每一个案例研究都为政策制定者提供了一个有效案例。澳大利亚的案例阐述了实施理财教育的必要性，并强调其与整个学校课程的协调；加拿大的案例通过网络广播和网络会议的广泛应用，显示了选择正确传播方式的重要性；英格兰的案例提供了一个有趣的想法，该想法涉及慈善组织，并鼓励慈善组织与私营部门之间进行合作；日本的案例提供了有关全国网络培训的发展和中央银行地方分支机构的有意义的见解；南非提供了一个在教师专业发展领域实施积分制的案例。

澳大利亚

2005 年，澳大利亚政府在财政部下面成立理财素养基金会，以提高消费者的认知水平，并帮助澳大利亚人更好地管理钱财。2008 年 7 月开始，制定及实施理财素养政策的责任和理财素养基金会的其他职能使命改由澳大利亚证券投资委员会承担。

2007—2009 年，澳大利亚政府资助了教师国家专业学习计划的制订和实施。该专业学习计划的材料包包括服务商指南（包含注意事项和多媒体支持）、教师指南和 DVD，其中，DVD 旨在提高教师对全国消费者与理财素养框架的认识，并协助他们建立对消费者和中小学生理财素养的了解，其尤其注重对现有国家和地区课程的整合。

一个为教师设计的网站也在那段时间投入使用，该网站于 2011—2012 年被澳大利亚证券投资委员会重新开发，并发展成为精明投资教学网站—— 一个提供免费理财教育资源和专业学习资料的教育枢纽（www.teaching.moneysmart.gov.au）。精明投资教学网站上的资源包括在课堂上使用的数字活动与视频，由澳大利亚证券投资委员会及其他政府部门、消费者保护机构、银行和其他金融机构等开发提供。教师可根据年级、学习领域、受众和资源类型搜索资源。

该网站还提供由澳大利亚证券投资委员会开发的相关资料：

- 精明投资中小学教学专业学习包。学习包包括：服务商指南；专业学习研讨会的相关材料，这类研讨会可实现跨学科、全体教师参与和整个学校融入的理财素养教学；教师指南；工作指南（包括教学规划、学习框架和澳大利亚课程的相关内容）。
- 如何成为一个精明投资学校的相关信息。
- 一套交互式数字资源（适用于电脑、iPad 和交互式白板），可作为工作指南的补充，也可用作独立的资源。
- 应用在课堂与专业学习领域的珍贵视频。
- 个人理财学习项目（视频、通讯、播客）。
- 两个在线的交互式教师专业学习模块。

迄今为止，澳大利亚已有 8 万多名教师经过培训使用精明投资中小学教学专业学习包，90 多所中小学参与了该资源的试用工作。澳大利亚证券投资委员会的目标是在未来几年内完成 24000 名教师的培训计划。

加拿大

加拿大金融消费者机构（FCAC）于 2001 年成立，是一个独立的联邦政府机构，为消费者的理财服务提供宣传和保障。加拿大财政大臣在 2007 年的预算案演讲中提出，要优先提高年轻人和成年人的理财素养。在预算中，加拿大政府连续两年为理财教育拨款，要求加拿大金融消费者机构提高年轻人的理财技能。在 2008 年的预算中，加拿大政府为加拿大金融消费者机构提供了更多的后续资金，用于支持加拿大年轻人和成年人理财素养的提高。

作为联邦监管机构，加拿大金融消费者机构在公立学校系统中没有正式的角色，但它可以进行公共宣传和教育活动，不过这些都只局限于公立学校系统之外有限的范围内。因此，加拿大金融消费者机构面临的挑战是增加理财教育的主动权，这对中小学、教师和学生是有效且现实的，而且没有触及各省和地区的教育管辖权。

加拿大金融消费者机构进行的调查表明，许多教师对传授理财技能抱有顾虑，因为他们对自己的理财素养没有足够的自信。借鉴不列颠哥伦比亚省证券委员会（BCSC）这一合作伙伴的意见，加拿大金融消费者机构采取了以下两种方式解决这一难题。

首先，通过提供全面的且包含有关信息的材料组织教师采取相应行动，并为希望获取更多信息的教师提供相关信息（链接和备注）。通过举办专题研讨会进行教师培训，或使用导师培训模式通过网络广播和网络会议的方式提供培训。其次，通过网络会议和在线自我训练等方式培训专家，让优秀教师在教师大会、专业发展会议和学校研讨会上亲自组织专题研讨。

英国英格兰

个人理财教育集团（pfeg）是英格兰最密切参与提供理财教育资源和为中小学提供支持的组织。该集团是一个独立的慈善机构，帮助中小学规划理财教育并为学生传授有关学生生活和需求的个人理财知识。它成立于2000年，并得到了政府、法定机构和金融服务行业支持者的资助。2010年，伦敦成立了5个地区级的个人理财教育集团办公室，英格兰东南、西北、东北、西南和中部有超过20名全职专家顾问和26名自由职业者为中小学规划和提供理财教育。

从2008年6月至2011年3月，个人理财教育集团代表儿童、学校与家庭部［DCSF，现已由教育部（DfE）取代］，制订并在英格兰所有中小学实施了"我的金钱"计划。这是为学生提供个人理财教育的第一个综合计划，计划从第一次上学开始一直持续到中学结束。这个计划为地方政府提供支持和培训，推动个人理财教育进入每一所学校，并为中学和小学提供优质教学资源和信息，以帮助儿童和青少年学习如何管好自己的钱财。

在英格兰理财教育中，政府至今没有设立专项资金用于教师的培训或继续专业发展。但是，个人理财教育集团充当了教育部的顾问，并为教师提供职前培训和继续专业发展，通过一些计划与多家金融服务机构及投资者一起为教师提供资源和支持。此外，教育监管机构教育标准局目前正在为个人社会健康和经济教育领域的教师制定教师指南，为教师提供一系列的案例以帮助他们开展教学。个人理财教育集团的网站提供了相应的案例研究，展现了教师如何在不同类型学校和学习情境中将理财素养整合到自己的学校课程中。这些案例包含课程表，同时不断丰富课程表以外的活动（例如，企业日活动）。

个人理财教育集团的志愿者网络为课堂汇集了理财服务行业有专长的志愿者教师。2006 年志愿者们开展服务以来，教师和学生纷纷表示志愿者的专业知识和经验是非常有价值的。

日　本

日本的中央金融服务信息委员会（CCFSI）在推动和支持日本中小学理财教育方面发挥着主导作用。中央金融服务信息委员会是由多家机关派人参加的组织，成员包括来自金融和经济组织、媒体、消费者群体等的代表与专家，以及日本银行的副行长、相关部门主管（包括金融服务管理局领导）和日本银行的执行董事等。该委员会的秘书处由日本银行公共关系部主管。

2007 年，中央金融服务信息委员会发布了理财教育计划（副标题为

"如何培养社会生活能力"）。该计划由学者，教育、文化、体育、科学与技术部（教育部）的官员和其他可影响国家课程修订的人员制订。它为中小学生提供了理财教育的目标和学习成果范本；介绍了中小学引入理财教育的最有效方式，并为小学、初中和高中的每一个主要科目提供了教学计划模型，这些模型均由经验丰富的教师开发。

新国家课程由教育部于 2008 年 3 月到 2009 年颁布施行，包括了有关理财教育的若干强制性科目的内容，如中小学社会研究、家政和道德教育。与新国家课程密切相关的准则分别于 2011 年、2012 年和 2013 年在小学、初中和高中实施。因为理财教育的重要性不断提高，中央金融服务信息委员会已经认识到需要提供培训和材料来帮助教师传授理财知识，而且这方面的需求正不断增加。

中央金融服务信息委员会在参与培训、提供支持和教育资源方面具有悠久的历史。最近，金融服务信息地方议会、日本银行、中央政府、地方政府、相关政府组织、金融机构、消费者组织和非营利组织也纷纷开始推广理财教育，提供教材和书籍，并举办研讨会，宣传好的做法。中央金融服务信息委员会正在努力推动有关理财教育教材的出版和其他活动的开展。

从 1973 年到 2003 年，中央金融服务信息委员会举办了关于理财教育的全国性会议，其目的是交流理财教育的有效方法。研究中小学理财教育和从事理财教育的教师和学校教育监督人员出席了此次会议。

金融服务信息地方议会还组织了地方会议，以促进中小学之间关于理财教育实践成果的交流。金融服务信息地方议会位于日本各县，可提供中立和公正的信息，并为经济和理财研究提供支持。日本 47 个金融服务信息地方议会分别由理财与经济组织、金融机构、地方教育官员、广播公司协会和各县地方政府官员组成。金融服务信息地方议会的主席由各县知事或日本银行分行的负责人担任。金融服务信息地方议会从其成员和中央金融服务信息委员会获得资助。金融服务信息地方议会的秘书处办公室设在地方政府或日本银行各地区的分行。

2002 年以来，中央金融服务信息委员会和金融服务信息地方议会已经组织了多场教师理财教育研讨会以帮助教师引入理财教育，每年有 150 多场研讨会成功举办。来自教育部和地方教育委员会的官员受邀在研讨会上进行演讲，加深教师对中小学理财教育的理解。中央金融服务信息委员会和金融服务信息地方议会要求教育委员会针对理财教育的内容，在研讨会上为教师提供强制性培训课程。

此外，中央金融服务信息委员会指定理财服务信息顾问和来自其他机构的志愿者，由中小学邀请，开展理财教育讲座。

南 非

南非为所有教师研发理财教育资料，并通过专门的研讨会提供给教师。教师培训是基础教育部的特权。研讨会通过在课堂上进行示范教学，帮助教师有效地使用资源。它还有助于增进教师对个人理财规划的认知。

根据南非教育委员会（SACE）2000 年所公布的法案，任何人不允许冒充教师进行教学，除非他已经在南非教育委员会进行了注册。南非教育委员会还创建了专业发展（PD）积分制度。一旦南非教育委员会系统准备就绪，所有理财教育项目都将在系统上进行登记并由南非金融服务理事会执行。迄今为止，理财教育计划"管好你的钱"已通过注册，将为教师提供经过正式认证的理财教育课程指南。

资源与教学资料

正如《国际理财教育网络中小学理财教育指南》（参见本书附录）中所提及的那样，为在学校有效教授理财教育课程，为教师提供培训以及优质、有效的资源是非常关键的。

初期，对客观、有效的工具来说，可用性及易获得性是必要的，同时应确保对这些工具的后续改进与监测，以保证给教师提供关于理财教育的最好资源。一些国家可能已经拥有了这样的资源。在这些国家，负责理财教育的机构聚焦对已有材料的分析，并从中选择最合适的材料。而在其他国家，可能并不存在这样的资源，可能对于这些国家而言开发资源尤为必要，这些国家可以通过专门工作小组创生相关资源或向其他国家学习。

后面所列举的那些国家均采用了一些标准来识别和开发合适的用于理财教育的资源。在这一过程中，一些国家并没有与相关机构进行协商，而另一些国家则会进行某种形式的协商，例如，学校的教材须经过教育部的认定。

下面每个案例的选择均以开发及获取理财教育工具和材料的相关实践为基础。

加拿大的案例强调与机构合作之前需仔细评估全部已有的教学资源，以改善教学资源的质量，使其适用于全国；英国的案例展示了如何将教学项目成功地应用于一个适合不同年龄人群的综合项目中，并在专门工作小组工作的基础上进行了项目的整合；日本的案例阐述了指派有经验的教师对新的教育材料的设计、真实生活场景中发生的交互活动进行评价的重要性；南非的案例很好地将资源应用于实现与国家课程要求相一致的具体学习结果上；美国的案例强调，在学校理财教育中，现有个人理财清算所（clearinghouse）的存在可以证明不同教学资源的相关性，特别是在多样化的联邦教育系统的情境下不同教学资源的相关性。

加拿大

加拿大金融消费者机构首先评估了加拿大已有的原创性的项目，以从中找出可借鉴或参与的优秀项目，同时避免重复劳动。他们计划在合适的场合将其中最为成功的项目推广至全国，同时确保其适用于两种官方语言，即英语和法语。加拿大金融消费者机构通过评估发现了一个被称作"计划10"的独特的教学资源，该项目是由不列颠哥伦比亚省证券委员会开发的，正以必修课的形式教授不列颠哥伦比亚省 10 年级学生个人理财方面的内容。加拿大金融消费者机构与不列颠哥伦比亚省证券委员会合作构建自己的资源，并将其拓展应用到整个加拿大，最终的成果是开发了一个名为"城市理财生活技能资源"的多水平的教育资源，该资源于 2008年 9 月投放市场，有英语和法语两个版本。[12]

"城市理财生活技能资源"包含由 11 个部分组成的教师主导的免费网络资源以及 1 个供学生自主学习的在线学习资源模块，主要面向 15—18岁的在校青少年。这个产品的目的是让青少年通过基于网络的动手实践的方法进行学习。它不仅会使一些理财方面的概念易于理解，同时也会提供在真实生活中进行实践的机会以便学生掌握相关技能。学生们使用真实的财务文件去实践与诸如预算、存款、信用与债务、保险、税务以及投资等主题相关的理财活动。在课程结束之前，他们会为离开学校之后的若干年制订一个理财计划。该教学资源分为两大部分：一部分是由 11 个学习模块组成的面向教师的课堂教学模块；另一部分是 10 个交互性的自主的在线学习模块，主要面向教师、青少年以及大众会员。在线学习模块平行于课堂教学模块，但同时也包含了在线学习环境下开展的一些活动。所有资源的设计，无论是在个别非正式的社区环境下，还是在课堂情境下，均是独立的、便于使用的。

由于加拿大金融消费者机构不会对公立学校系统产生任何正式的影响，该机构仅能采用多种策略促使教育者接受"城市理财生活技能资源"这个产品。他们成立了覆盖全加拿大的教师审查委员会，以确保教师对教学方法的使用得心应手；确保教学内容和水平对于 15—18 岁的学生是合适的；确保资源的使用能达成每个省及地区所期望的学习成果。加拿大金融消费者机构会与某些组织一起合作，例如与省证券委员会、加拿大银行协会合作，以确保开展的活动能准确反映当今的理财问题。教师可以下载完整的课堂教学资源（教学资源中包含该教学资源与他们所在省或地区的课程的联系）或以成本价订购印刷版的活页册。

　　借鉴不列颠哥伦比亚省证券委员会的经验，加拿大金融消费者机构在每个省及地区招收优秀教师，也就是那些与加拿大金融消费者机构签订录用合同的教师。这些教师致力于增加"城市理财生活技能资源"这个产品的知名度，同时增进其在教师和教育部门中的接受度。这些一流的教师会与当地教育部门取得联系（魁北克省除外），讨论并列出适用于已有课程体系的教育资源。截至 2009 年 9 月，该教育资源已被 13 个行政管辖区中的 5 个列为官方认可的资源，还有另外 3 个行政管辖区将"城市理财生活技能资源"作为新课程的重要组成部分。例如，在新不伦瑞克，一门新课程——商务组织管理的 1/3 由"城市理财生活技能资源"构成，该课程在 2009—2010 学年试用。在爱德华王子岛，"城市理财生活技能资源"成为面向 10 年级学生的新课程——生涯探索与机会的组成部分，该课程于 2009 年在部分英语和法语学校试用。

　　加拿大金融消费者机构也会与相关产业合作以促进"城市理财生活技能资源"的发展。加拿大银行协会通过其首创的学校研讨会——"你的钱"来宣传"城市理财生活技能资源"这个产品。协会会员会访问全国的课堂，与学生一起探讨理财问题。截至 2009 年 3 月 31 日，该协会共举办了 258 场研讨会，总计 7451 名学生参与了这些活动。

　　该资源已得到加拿大课程服务机构的推荐，该机构作为泛加拿大标准机构，为学习产品及项目提供质量保障，同时为个人发展、生涯规划、数学、商学、经济学、家庭研究、消费者研究、企业与创业精神研究以及其他类似的教育领域的课程提供支持。该机构作为理财教育资源的提供者之一也获得了加拿大领导力评估中心（*Le Centre Canadien de Leadership en Évaluation*）的推荐，为全加拿大中学的所有用法语教授的课程提供支持。

英国英格兰

"我的理财周"是一个个人理财教育项目，到 2013 年，该项目已连续举办了五个年头。一年一度颇受关注的"我的理财周"活动十分重视家长以及全社会的需求，该活动旨在帮助更多的人获得相关技能、增长理财方面的自信心，从而为年轻人的在校学习提供帮助。自 2009 年第一次举办以来，"我的理财周"已有 250 万名学生参与，致力于提升中小学生的理财素养。"我的理财周"是一个较灵活的项目，在这个项目中学校可以开展不同的活动，使用多种多样的课程目标。项目组织者一般会提供教学资源、专家咨询以及活动包。

在中学层面，个人理财教育集团的"资金事务学习"项目，最初是由英国金融服务管理局以及资金咨询服务机构（MAS）资助的，该项目实施于 2006—2011 年，在全国咨询网络的帮助下，提供免费的咨询、支持服务，同时也会为学校、面向个人教授理财教育的教师提供相应的资源以满足个别学校的需求。[13] 该项目的咨询顾问会为教师提供一系列免费支持服务，使他们在向其学生传授理财教育方面的知识时更自信、更游刃有余。

理财教育学习框架中的"课程中的理财能力指南——阶段 3 和阶段 4"，为英格兰中学阶段的理财教育提供了额外的支持。这一框架是由儿童、学校与家庭部在 2008 年开发的，其以帮助学校员工及与中学合作的其他人掌握理财方面的知识、计划并实施理财教育为目的，是英国中学新课程的组成部分。

在小学层面，个人理财教育集团开发了一个名为"钱是什么"的五年项目（2007—2012 年），该项目的目的是增加和增强个人理财教育的数量和质量。它主要面向年龄偏小的儿童，帮助他们为在现在以及未来管理自己的资金奠定基础。该项目致力于帮助教师在教授小学年龄段儿童处理资金问题时更加自如。它会为教师提供一些资源和支持，以帮助他们在已有活动和课程计划的基础上教授个人理财的内容并实施教学计划，而且这个项目对教师是完全免费的。2011 年该项目已面向英格兰的所有小学开放。

个人理财教育集团也会为教师提供"一站式购物"的服务，帮助教师轻松找到其所需的资源，为理财教育提供支持。个人理财教育集团官网提供了一个可搜索的数据库，教师可在该数据库中获得相关信息。个人理财教育集团质量认证系统会确保其提供的用于提高学生理财素养的资源和材料是合适的、有效的、具有高教育质量的，并且能够同时覆盖 1—13 年级。迄今为止，已有超过 50 个资源得到质量认证系统的认证。所有想要通过个人理财教育集团质量认证的资源提供者都必须遵守严格的审核规则。个人理财教育集团质量认证须确保资源的准确性及时效性；确保其与课程要求有效匹配；确保资源的可获得性、适用性以及低成本；确保资源覆盖合适的理财主题、与学校教师共同开发并在学校经过了测试。

日　本

日本的中央金融服务信息委员会通常会在他们的网站上发布一些关于理财教育的材料、视频，同时也会提供一些其他相关信息，从而对理财教育给予支持。中央金融服务信息委员会会聘用一些有经验的教师来开发教育材料，并与另外一些杰出教师、校长以及律师一起组成编委会。所开发的材料通常能反映出教师的某些见解并包含优秀的实践素材。这些实践素材是从上百个实践案例中甄选出来的，这些案例是由指定的学校提交的。这些案例的选择也会参考有经验的教师撰写的并提交到公共教育中心的学术论文。这些案例是为众多教学领域准备的，包括社会学、家庭经济学、学生定期接受导师指导的教室活动、综合研究、道德教育、数学、日语以及艺术等。

有很多不同的活动已被证实在培养学生兴趣、加深其理解方面是有效的，这些活动包括：角色扮演，介绍诸如拍卖、交易、种植和销售蔬菜、建立及运行公司等真实情境下的活动。

还有许多为教师开发的指南，包括：理财教育初学者指南、理财教育项目指南以及理财教育指导手册。这些指南会提供一些理财教育方面的有效实践案例，还会提供一些教师开发的工作表，使用者可以轻松复制或下载以帮助他们教授自己的学生。

下面列出了一些最受欢迎的学生资源，其中有一部分是与配套的教师指南一起开发的：

- "你真的很富有吗？"：一个主要面向高中生、大学生以及成人的资源。它提供一些关于不同种类的信用卡、合同、利率、担保等的基础知识。同时，它也有助于促使人们形成合理看待金钱的态度，以帮助人们避免多重债务的问题。通常，它会提供一些关于如何解决这类问题的建议。教师指南会对该资源的目标以及在实践中使用相关教育材料的方式进行描述。此外，它还会对一些术语、相关法律以及与多种债务问题相关的社会背景进行解释。

- "你现在可以自力更生了"：该资源开发的工作手册可以为学生提供自力更生所必需的经济方面的基础知识。教师指南会提供同类信息。

- 口袋账簿书：这是一个用于记录个人花销的小笔记本。应教师的要求，这也是提供给小学生的教育材料。

- "假如你有 100 万日元，你会用来做什么？"：这是为小学生和中学生设计的卡通小册子，里面解释了金钱的作用，提供有关合同以及不同种类信用卡方面的知识。它采用漫画的形式，从而让学生乐于学习。

- 教育视频：面向幼儿园、小学、初中、高中的学生以及成人。

相关材料一般应教师的要求免费向学校派发，已经有约 700 万份材料被印发给了学校。

南　非

南非基础教育部优先考虑的主要是为教师提供经济且易于使用的能够用于教学的资源。因此，南非金融服务理事会针对实际的课程计划为教师开发了用于特定学习领域及学习科目的教学资源。教学资源的设计与国家课程的要求保持一致，也会及时更新以适应《课程评估和政策声明》。该资源主要面向特定学习领域及科目与特定年级，并涉及课程计划与课程可能性评估。

下面是已经开发的一些材料：

- "管好你的钱"：面向 10、11、12 年级教师的数学素养资源

南非金融服务理事会与南非保险协会合作，与服务提供商签署协议，一起开发了一项数学素养资源，即"管好你的钱"。这项资源主要面向10、11、12 年级的教师。最初的资源是针对每个年级的一本 36 页的小册子，包含了理财素养方面的 10 节课程，并与《国家课程声明》的数学课程相适应。2008—2010 年，南非金融服务理事会、南非保险协会与相关服务提供商一共印刷并分发了 20600 册"管好你的钱"小册子，主要面向 123 个工作坊的 7720 名教师。2012 年，该资源依据《课程评估和政策声明》进行了更新。更新后的资源包含 3 本 64 页的小册子，每本分别针对 10、11、12 年级中的一个年级，并包含 2 份宣传材料，其中 1 份宣传材料是关于"理财规则"（10 年级）和"我该向谁抱怨？"（11 年级）的。

更新后的资源面向 9 个省级教育行政部门印刷并分发了 60 份。2013 年，该资源以及相应的工作坊得到了南非教育委员会的认同，同时参加"管好你的钱"工作坊的教师还可获得 15 个继续教育专业发展（CPD）学分。

- "资金运转"：个人理财管理指南——R 到 12 年级

南非金融服务理事会与金融服务消费者教育基金会以及南非保险协会合作，签署了线上学习实验室（e-Lab）的合作协议，面向教师和学生开发"资金运转"数字资源。该资源得到了南非基础教育部的认可，也被广大教师接受。2013 年，随着《课程评估和政策声明》的引入，该资源也进行了更新。

这次资源更新与修改是在基础教育部的协助下完成的。该资源包含了 1 本 71 页的小册子，内含 3 个年级的 10 个活动，同时还包括 1 个聚焦企业家精神的支持性课程宣传材料。这个册子是由省教育部及地方政府举办的工作坊发放的。在全国范围内共有 9 个这样的工作坊，涉及 360 个教育行政部门，并作为基础教育部《课程评估和政策声明》调整项目的一部分存在。工作坊的目的是帮助教师更好地使用资源。在全国范围内，相关部门面向教师总计印刷并发放了 52100 本小册子。

- 《青少年理财指南》

南非金融服务理事会在南非大学教授的帮助下，开发了一份《青少年理财指南》。随后，南非金融服务理事会又与服务提供商签署了协议，由它们负责设计、排版、印刷的工作；同时与另一家服务提供商签署了协议，在 9 个省举办工作坊。2009 年 1 月至 4 月，南非金融服务理事会与相关服务提供商共发放 15700 册指南，举办了 108 个工作坊，3010 位参与者（其中包含 12 年级的在校生和毕业生、大学生以及刚参加工作的白领或工薪阶层工作者）参加了相关学习。这个指南的主题包括：理财规划、银行及其业务、研究、创业、就业、被骗后的应对措施（讨债）。该指南已在所有的教育项目中被证实是一项很有必要的资源。目前，南非金融服务理事会正在进行对《青少年理财指南》的评估工作，以确保指南的有效性以及对目标市场的吸引力。该评估工作所涉及的主要人群从 16—35 岁聚焦到 16—23 岁，对内容的评估在涉及当前金融发展的同时，南非金融服务理事会还对指南的设计、排版以及如何使语言表达更加吸引年轻人等进行评估。

美 国

理财入门联盟（Jump$tart Coalition）成立于 1995 年，是一个非营利性组织，由 180 个商业、金融和教育组织以及 47 个隶属的州联盟组成，主要提供咨询、研究、标准及教育资源支持等服务，以提高青少年的理财素养。

该联盟提供的一个国家级别的资源为《K–12 个人理财教育国家标准》[14]，这一标准最初是在 1998 年开发的。该标准主要为学校管理者、教师、课程专家、教学设计者以及教育政策制定者提供关于个人理财教育的设计及评估框架。

> 同样，国家标准所提供的框架是理想的个人理财课程框架，可能其中部分内容并不适合个别教育者和学生。本联盟让不同的利益相关者参与确定国家标准中的若干主题。教育者可以使用这一标准设计新的个人理财单元或课程，或者将某些概念整合到已有课程中。（Jump$tart Coalition for Personal Financial Literacy，2007）

为帮助教育者有效利用标准，为理财教育提供有效的教学实践支持，该联盟还会提供一些额外的资源，这些资源涉及个人理财清算所的教育资源、《国家最优实践指南》及教师讲习班。

个人理财清算所

理财入门联盟的工作目标之一是鉴别高质量的个人理财教育材料。个人理财清算所可以算是一个个人理财资源数据库，其中的资源是通过各种教育提供方，如政府、商业组织以及非营利组织获得的。个人理财清算所的数据库可以帮助教师根据年级、资源格式及内容类别等来选择合适的教育材料。

个人理财清算所在选择数据库中包含的材料时，一般使用教育材料评价清单作为指南。对材料的评论通常是针对其准确性、完整性以及在教育情境中的适用性进行的，需要注意的是，纳入数据库并不意味着该材料已被所有人认可。

《国家最优实践指南》

联盟会提供推荐指数高且优质的教学实践材料以支持理财教育资源的开发及选择。该指南考虑以下标准：客观性、与标准的契合情况、教与学、目标群体、准确性与时效性、可用性与可获得性、评估与评价等。

保障理财教育项目可持续性和有效性的途径

民间资本的作用：意义与挑战

合适、相称、长期的资源对学校理财教育的发展非常必要。资源的数量与质量直接决定了理财教育项目的适用范围、有效性和持久性。在学校公共基金通常更容易向学校课程标准的组成部分投入的背景下，民间资本的参与则可以为学校理财教育学习框架的持续开发提供资金帮助。民间资本的参与也可能为理财教育带来额外的好处，例如可获得民间利益相关者在理财服务方面提供的专业技术，以完善理财教育的相关教学部分。

然而，民间资本的参与也会带来利益冲突所造成的风险。因此，一些能够充分利用民间资本的国家通常都会采用一些方法来监督和管理在相关机构参与的商业活动中可能发生的利益冲突。[15] 这些经验强调，就公共资源的提供者、独立的管理机构或公认的非营利性组织而言，对民间资本的使用进行持续监管非常重要（参见本书附录中的框注附 2）。

在某些国家（如马来西亚、英国以及捷克等），民间资本的参与主要体现在通过非现金的手段提供各种理财资源和项目上。这些民间资本的作用有所不同，包含提供学习框架、组织讲习班来培训教师或学生、开发材料与课程计划、分发材料及增进学习意识等。

下面这些案例阐述了公共与民间资本合作的必要性与重要性，例如：澳大利亚管理机构制定的理财素养教育策略；加拿大金融消费者机构与加拿大银行协会之间的合作；日本通过中央金融服务信息委员会以及金融服务信息地方议会与民间资本合作；南非创立独立信托基金——金融服务消费者教育基金会，并将其作为捐助者的支持载体。

正如国际理财教育网络的指南中所强调的，在一些国家，民间资本是主动参与的，特别是在开发及提供教学材料的过程中，可能发生的潜在利益冲突已经得到了广泛关注。在大多数情况下，保障相关内容的教育性或通过政府的领导作用来体现，或通过独立委员会的专家起草指南、检查与课程同步的材料并评估其是否存在隐性广告等方式来体现。捷克、英国以及美国对此提出了相关标准，即理财教育应以发展和提高个人理财素养为前提，而不能作为产品和服务的营销工具。

此外，民间资本的参与强化了对相关资源的认证程序的需要（避免品牌和营销效应），相关的认证程序须应用于以下环节：资源的提供和开发、培训的组织以及志愿者主动参与的课堂教学等。

南非金融稳定理事会（Financial Stability Board）为通过合作方式开发的材料设计了一个新的中立性的商标。通常情况下类似这样的要求会被清晰地写进合作协议中，同时协议也会阐明，营销机构在对其开发材料的呈现方面不能直接用其原有的商标。英国以设立个人理财教育集团"质量标签"（Quality Mark）作为提供质量保证的方法，从而使教师知晓所使用的材料是准确的，且与课程要求相匹配。

以下是几个不同的理财教育项目筹措资金的案例。在巴西，民间资本通过公益联盟的形式向理财教育项目进行捐助，通常会为公共基金支持范围以外的学校项目募集资金。在马来西亚，学校理财教育的资金筹措通常会有大量的民间资本参与其中，马来西亚国家银行（Bank Negara Malaysia）在与教育部合作的过程中发挥较强的领导作用。英国政府则与民间资本共同承担关于募集学校理财教育资金的责任。英国募集民间资本，或是直接通过具体的项目进行，或是间接通过理财服务的征税机制进行。

在上述提到的三个国家中，民间资本通常会为理财教育提供非常重要的支持，例如，通过志愿者向学校提供专业的建议，督促相关项目有序开展并避免可能发生的利益冲突。

考虑到可能发生的利益冲突，下面选取的案例很好地阐述了管理和规避风险的不同方法。巴西将民间资本的力量吸纳到国家策略的结构中，从而对项目实施进行监督和管理。马来西亚选择了集中的方式，即由教育部来监控金融机构的活动。在英国，学校和教师有责任选择适合自己的资源，并且，在专业支持项目的帮助下，由个人理财教育集团授权的"质量标签"，以及由资金咨询服务机构开发的《实践准则》（Code of Practice）也在管理和规避风险方面发挥着十分重要的作用。

巴 西

巴西理财教育项目的实施得益于巴西国家理财教育委员会与巴西理财

教育协会（AEF-Brazil）之间的公共与民间资本的合作。巴西理财教育协会已获得公益组织（organisation of public interest）的法律地位，它作为一个非营利性的实体组织，由巴西金融与资本市场协会（ANBIMA）、巴西银行联盟（FEBRABAN）、巴西保险联盟（CNSEG）以及巴西主要股票交易所、巴西证券期货交易所（BM&FBOVESPA）等资助。巴西理财教育协会主要有两个服务宗旨：为民间资本提供一个针对国家策略的平衡各方利益的代表；在没有直接体现具体共同利益的情况下，从额外的民间途径募集资金。

巴西理财教育协会自身的结构有助于避免利益冲突，在这一结构中，单个金融实体的共同利益可以通过协会的调解以及巴西国家理财教育委员会与巴西理财教育协会间的合作协议而得到强化。

目前，巴西国家理财教育委员会与巴西理财教育协会之间的合作协议有 5 年的有效期且可续期。在这份合作协议下，双方约定巴西国家理财教育委员会每年须向巴西理财教育协会陈述国家策略的一般指南，巴西理财教育协会则负责制订行动计划，向巴西国家理财教育委员会提交并获其批准。在实施阶段，巴西理财教育协会则扮演接收来自学校信息的知识库的角色，允许巴西国家理财教育委员会监控、获得报告结果并当场形成对其实施情况的一般性诊断报告。

马来西亚

自 20 世纪 90 年代以来，公共与民间资本的合作已成为马来西亚学校促进和提供理财教育的关键特征。马来西亚有一项关于将学校理财教育引入核心科目的方案，计划于 2014 年在小学实施，2017 年在中学实施。截至现在，大多数理财教育的呈现仍以合作课程（co-curricular）而非整合活动课程的方式进行。相关金融机构已经为这些项目提供了重要的资金以及实物支持。参与理财教育项目是金融机构应尽的法人责任及社会责任的一部分，同时马来西亚也鼓励金融机构在理财教育中发挥重要的作用。

自 1997 年学校援助计划（Schools Adoption Programme, SAP）启动以来，公共与民间资本的具体合作就已逐步开展，并主要通过马来西亚国家银行、教育部与金融机构之间的合作进行。在学校援助计划中，金融机构共支持了 1000 所政府资助的公办学校的建设，其中也包含残疾儿童就读的特殊学校。金融机构还开展了一些与银行、保险、基本理财知识相关的活动，并为学校学生提供了创立银行账户的机会。值得关注的是，在已有的关于将理财教育引入核心科目的方案中，学校援助计划将在增强课程教学效果与通过提供技术咨询（以讲习班以及指导的方式）支持教师教学两个方面继续发挥重要的作用。

马来西亚国家银行主要负责协调学校援助计划、促进学校的理财教育。马来西亚国家银行为教师讲习班的举办与发展、教育材料的制作与完善、理财教育网站的维护与改善[16]、理财教育活动的促进、理财教育竞赛的奖项提供等项目每年分配一定的预算。银行在提高学校学生的理财素养方面承担着长期的任务。其他金融机构也为在他们所支持的学校组织与理财教育相关的活动分配一定的资金，并提供相应的资金来开发理财教育的材料。

学校援助计划已经通过以下几种创新性途径得到了有效补充：

- 学生理财俱乐部（SFC）：1999 年以来，在学校援助计划中已有超过 2000 所学校建立了学生理财俱乐部。作为课程活动的一部分，参加这个俱乐部的学生可以通过参加讲习班、访问金融机构、共享知识、体验游戏等相关活动来掌握理财与金融的知识与技能。
- 口袋账簿书：口袋账簿书是一个 1998 年引进的用于教育和帮助学生理财、帮助他们掌控个人财务状况的产品，目前已印发 790 多万册。
- 理财教育网站：2004 年，马来西亚国家银行与教育部合作，创立并启动了理财教育网站，作为理财教育互动的工具。

在马来西亚，银行与教育部的合作非常紧密。例如，2005年，马来西亚国家银行与教育部合作，为学生理财俱乐部准备提供给教师使用的指南。为进一步帮助教师开展理财教育，2008年，马来西亚向所有学校分发关于理财教育的课程计划，其中包含大致的模块与活动。[17] 课程计划是在教师讲习班开发的，不仅有相关金融机构的贡献，同时也会遵从马来西亚国家银行的相关要求。

马来西亚国家银行所取得的成果也得益于其合作伙伴的贡献，如证券行业发展公司、马来西亚国家合作组织、马来西亚盲人协会以及相关政府部门与机构。

表2.1概括了主要利益相关方所做的贡献。

表2.1 马来西亚理财教育主要利益相关方所做的贡献

组织	贡献
在学校援助计划中，马来西亚国家银行与教育部及参与该计划的金融机构合作	<ul><li>为学校学生架构理财教育项目的框架</li><li>组织教师讲习班，培训教师开展理财教育活动，并将其作为他们专业发展的重要组成部分</li><li>为学校学生开展理财教育讲习班</li><li>开发指南和课程计划等材料，以促使教师开展与理财教育相关的活动</li><li>开发与分发有效的理财教育材料，如口袋账簿书（含盲文版本）、理财教育网站、传单、小册子等</li><li>提高学生参与理财教育项目的意识</li><li>每年在不同的州组织"理财意识周"活动，以促进包含当地在校生在内的民众大规模参与社区活动</li></ul>
民间金融机构，如证券行业发展公司	<ul><li>通过专门为在校生组织的项目促进理财教育的发展</li><li>向金融机构提供技术帮助，介绍关于理财教育的新理念以激发教师与学生的积极性</li></ul>

续表

组织	贡献
非政府组织，如消费者协会	• 通过媒体的作用，促进形成关于理财教育项目重要性的意识 • 发布理财教育的相关材料
灵活的合作者，如信用咨询与债务管理机构、金融仲裁局、马来西亚存款保险公司及相关部门	• 通过联合拓展活动方案和传播相关材料、建立与相关网站（duitsaku.com）的链接，促进公众对在校生的消费者教育项目的认识

南 非

最初，南非金融服务理事会的消费者教育就因获取资金途径的限制而受到阻碍。考虑到缺少来自自身的资金（除用于消费者教育的原始资金外），南非金融服务理事会通过与民间资本的协商与合作，发展了大量相关项目。

为建立与民间资本合作的正式框架，南非金融服务理事会2004年成立了金融服务消费者教育基金会。该基金会有独立的托管方，作为单独的实体而被托管方管理，其财产也与南非金融服务理事会分开管理。该基金会的功能与目的是为捐助者提供有效的平台，以帮助南非金融服务理事会实现其关于消费者理财教育的责任。

金融服务消费者教育基金会主要有以下几项职能：

• 筹集资金，促进或支持消费者理财教育水平、理财意识、理财信心的提升，以及关于消费者权利、理财产品、由南非金融服务理事会监督和管理的机构和服务的发展。

• 促进对规范的金融服务的使用，主要针对那些尚未充分使用理财产品和服务的人群，包含那些生活艰苦的人群。

• 通过教育养老金的受托方，促进养老金的有效管理以及对养老金用户的保护。

- 对金融服务提供者进行保护消费者的教育。
- 促进对消费者、养老金受托方、金融服务提供者等群体的教育并提供信息服务，从而在金融服务领域满足公众的需求、兴趣，为其财务健康提供服务。

基于南非的所得税法案，该基金会已被认可为公益组织，同时被登记为非营利性组织。金融服务消费者教育基金会的成立，使可用的额外资金（尽管有限）得以通过南非金融服务理事会这一途径用于相应的理财教育项目。

除此之外，2004 年南非批准通过的《金融部门章程 1》（Financial Sector Charter 1）进一步促进了南非金融服务理事会致力于教育消费者的工作。由金融部门关键参与者签署的志愿者章程使他们不得不为消费者教育支出他们税后收益的 0.2%。2013 年，《金融部门准则》（Financial Sector Codes）针对金融行业制定了关于在消费者教育活动中支出税后收益的 0.2% 的强制性要求，该百分比在 2015 年增至 0.4%。

英　国

英国民间资本的资助是直接由金融机构个体通过资金咨询服务机构提供的。资金咨询服务机构的资助全部是通过对金融服务行业进行法定征税获得的，同时也会通过金融行为管理局（FCA）募集资金，引领国家金融财力战略。作为此战略的一部分，资金咨询服务机构还特别资助了个人理财教育集团的“资金事务学习”项目。在资金咨询服务机构之前，由金融服务管理局资助该项目（截至 2009 年 10 月，资助金额多达 190 万英镑），该项目对威尔士、苏格兰、北爱尔兰地区理财教育的发展做出了贡献，确保了教师和学校可轻松、便捷地获得并调整资源。2006 年，金融服务管理局对一些研究进行了资助，这些研究主要探索学校进行理财教育的方式。

在向金融行为管理局纳税的同时，大量民间金融机构也在直接对学校的理财教育做出贡献。2012 年发布的一份资金咨询服务机构的独立报告发现，金融行业对理财教育的资助每年约有 2500 万英镑，主要资助了 36 个项目，资助对象大多为 18 岁以下的人群。例如，汇丰银行（HSBC）对个人理财教育集团面向小学的"钱是什么"项目进行资助（在 3 年的项目周期中资助约 340 万英镑）。汇丰银行还承诺派出多达 1 万名员工对该项目予以援助，这些志愿者会直接进入学校与教师一起工作，并传授他们理财专业的知识。通用电气公司金融业务部（GE Money）与英格兰及威尔士特许会计师协会（ICAEW）也在参与资助的金融机构的行列中，他们对个人理财教育集团"应用你的专业"项目进行资助，并带来志愿者为课堂中的教师提供金融服务。另一个案例是苏格兰皇家银行的"金钱意识"项目，该项目主要为学校教师提供直接的支持。

在英国，资金咨询服务机构于 2013 年冬至 2014 年春为理财教育提供方提供了一个自愿遵循的"实践准则"。目前，学校和教师有权决定资源或获得支持的项目是否适合自己。此外，还有许多项目可以为教师提供专业支持以帮助教师建立自信并胜任向学生传授个人理财知识的工作，同时让他们可以从容选择合适的课堂资源。

此外，设立个人理财教育集团"质量标签"作为质量保证的一种方式，能确保教师获得一系列有质量保证的资源，这些资源已单独经过教育及金融行业专家的评估。这些资源具备以下特征：

- 没有广告，也不为专门的商业活动或产品做营销。
- 准确且及时更新。
- 与课程要求相匹配，并针对特定年龄学习者的学习目的和目标进行精心设计。
- 易获得、适用性强、成本低。

- 涵盖合适的金融主题，并可直接链接到已有的理财素养教育框架中。
- 与教师建立合作关系，并在学校进行试验。

举全国之力发展理财教育也非常重要，如现在的资金咨询服务机构或曾经的金融服务管理局（包括在教育权力移交下放区域的苏格兰理财教育中心，威尔士理财教育单位，北爱尔兰课程考试与评估委员会）通过向学校提供支持或资源维持与重要实业者的对话。通过持续的对话，金融服务管理局能够保证由公司开发的任何资源都是有教育意义的、公正的，同时确保公司并没有将该资源作为其商业营销的一部分。

理财教育项目的评估

正如《国际理财教育网络中小学理财教育指南》所强调的那样，监控与评估是在学校成功引进理财教育项目的必要组成部分。评估对于改善理财教育项目整体的有效性、发挥利益相关方的作用是非常关键的。

最理想化的状态是，监控与评估聚焦项目实施的每个阶段。[18] 评估不仅要对项目的短期成效做出说明，还要说明其长期影响，同时对于不同的关注点采取多种形式的评估：

- 首先，对理财教育实际教学的监控是对理财教育进行评估的最重要的步骤之一，例如由地方或国家机构进行研究并落实监督机制。
- 其次，对项目的相关性及影响进行评估，即用从学生、教师、教育系统的管理者、家长、当地社区等利益相关方处获得的直接反馈来评估学习框架及教学。
- 最后，为验证学生在理财素养上的改变，通过针对课程的课堂测验、正规考试或在国家测试中加入类似的评估内容，对学生的学习能力进行评估。

下面的例子阐述了针对学校理财教育项目的长期影响进行评估的主要步骤。它能通过关于学生理财素养的基线调查，在一定程度上衡量项目对其的影响，从而便于建立评估基准或目标。国际调查结果的使用［例如2012 与 2015 年国际学生评估项目的试题（OECD，2013）就包含了对理财素养的评估］使得这种评估方法拥有了更进一步的使用价值（参见框注 2.1以及第三章的"学生学习成就评估"）。

框注 2.1　　经合组织国际学生评估项目的理财素养测试

经合组织的国际学生评估项目始于 2000 年，目的是评估学生在真实情境中使用他们已有知识和经验的能力。该测试的重点是学生在以下三个领域对概念的理解以及对技能的掌握：数学、阅读和科学。来自 65 个国家的 47 万名学生完成了 2009 年的第四版测试。关于理财素养的测试在国际学生评估项目中的第一次出现是在 2012 年，它也是第一次对 15 岁学生个人理财知识以及将理财知识用于解决理财问题的能力进行的测试。

国际学生评估项目 2012 年理财素养测试第一次通过大规模的国际研究评估年轻人的理财素养。2013 年公布的专用框架是在国际范围内构建理财素养评估的第一步，主要包括提供明确的计划、设计工具、规范关于理财素养问题的术语等。这一框架为年轻人的理财素养提供了操作定义，组织了相关领域的内容，处理与评估了 15 岁学生相关的素养。

学习框架中所描述的内容领域涵盖资金与交易、金融规划与管理、风险与收益和金融格局。框架覆盖如下心理过程：识别金融信息、分析金融情境下的信息、评估金融问题、分析与理解金融知识等。这些内容领域与心理过程适用于一系列的情境，同时也构成了教育和工作、家庭和家族、个体和社会的情境。这些评估主要是通过 10 个样例题目来进行的。此外，该学习框架还讨论了理财素养与非认知技能的关系以及与数学素养、阅读素养、学生理财行为及经验的测量的关系。

2012 年，共有 65 个国家或地区参加了国际学生评估项目，该评估主要聚焦测试学生的数学素养。来自 18 个国家的学生参与回答与理财素养相关的问题，主要涉及的国家或地区包括：澳大利亚、比利时（荷语文化区）、中国上海、哥伦比亚、克罗地亚、捷克、爱沙尼亚、法国、以色列、意大利、拉脱维亚、新西兰、波兰、俄罗斯、斯洛伐克、斯洛文尼亚、西班牙、美国。18 个理财素养测试参与国的评估结果在 2014 年 6 月公布。

对理财素养的第二次评估计划在 2015 年国际学生评估项目关于理财素养的测试中进行，主要有以下几个国家或地区自愿参与：澳大利亚、比利时（荷语文化区）、巴西、加拿大（部分省）、智利、英国、意大利、立陶宛、荷兰、新西兰、秘鲁、波兰、俄罗斯、斯洛伐克、西班牙和美国。

　　民间资本的介入和对理财项目的评估都很重要，但目前对项目相关性及影响的评估相对较少（尽管这种状况已经有所改善）。在西班牙，2011年收集的数据已经在2012—2013年得到了评估，并用于对相关的理财教育国家策略进行修改。同时，荷兰也对不同的理财教育教学法进行了评估。加拿大的不列颠哥伦比亚省正在对理财教育项目的有效性进行评估。新西兰也进行了一项独立的对理财教育学习框架草案的评估，其发现被用于对框架进行最终的修订。在澳大利亚，澳大利亚证券投资委员会已与澳大利亚教育研究委员会签署协议，委托其对精明投资项目试验阶段（2012年）的教学进行评估，并在评估发现的基础上找到追踪长期行为改变的办法。

　　政府当局在推动民间提供方评估项目初期成效上也发挥着作用。在英国，资金咨询服务机构将在2013年冬或2014年春为理财教育提供方发布一个自愿遵循的"实践准则"。这个"实践准则"的作用在于使由产业资助的项目的影响最大化，它包括一个评估框架，以干预和规范提供方的行为、评估其影响、为活动提供其有效性的证据。

　　在学生理财素养变化的测试方面，大多数国家并没有将理财素养作为一个独立的科目纳入学生考试范畴，而是将对理财教育的评估整合了进已有科目的评估中。例如，在韩国，关于个人理财素养的测试就是被作为其他科目测试的一部分进行的。

　　部分国家则建立了正式或非正式的理财教育评估方式（而非考试）。马来西亚每月开展一次交互性的游戏、自我评估的小测验以及写作竞赛。英国由资格与课程发展机构（QCA）进行理财教育的评估，并将是否纳入国家资格认证数据库（NDAQ）作为评估标准之一，该数据库包含关于个人理财教育的各个单元。在英国境内，苏格兰（较早在学校开展理财教育的地区）还会开展由乔治街研究会承担的更进一步的相关评估，同时进行由国家教育研究基金会承担的关于英国个人理财教育集团"资金事务学习"项目的评估。

本部分报告的案例均以对以下项目的评估为基础：较大范围应用于巴西的试验项目，加拿大不列颠哥伦比亚省的"计划10"项目，以及在英格兰、苏格兰、意大利、马来西亚、南非实施的不同的理财教育项目。

巴西的案例说明了在全国范围内实施项目前对试验项目进行评估的好处。加拿大不列颠哥伦比亚省则以监管的方式来加强理财教育项目的有效性，进而促进项目的进一步开展。英国的案例阐明，理解某个案例能否代表整个教育系统是很有必要的，不能仅仅统计有效参与理财教育的学校数量。意大利的案例提供了知识记忆方面的有趣发现，这一发现是基于几年理财教育的反复测试得出的。马来西亚提供了一个在特定情境下进行评估的有趣案例：在民间金融的有力参与下，金融机构不仅是内容的提供方，同时也是进行监控和结果测试的主要机构。苏格兰提供的案例展示了如何对理财教育的两个阶段进行评估，包含一项关于理财教育项目在教育系统不同部门采用情况的调查，还包含关于对这些项目有效性的分析。南非的案例则展示了如何开发评估指南和工具包并将其作为所有理财教育项目中都必须使用的内容。

巴　西

在学校引进理财教育是巴西理财教育国家战略的一部分。2010年，巴西在高中引进了一项理财教育试验项目，并在俄罗斯理财素养与教育信托基金和世界银行[19]的支持下在将其推广至其他地区之前进行了项目影响力的测试（时间表见框注2.2）。经过了两年的准备，这个试验项目已经有了指南、首批资源以及实施计划。

巴西学校的相关项目将理财教育整合进学校已有课程，并将关于理财素养的案例研究纳入数学、语言及文学、科学、社会学及其他科目。例如，圣保罗州选择了一批学校进行试验，将理财教育的内容同时纳入五个科目的教学。

框注 2.2　巴西学校理财教育评估时间表

- 2010 年 4—5 月：在不同州教育部的帮助下确定对该项目感兴趣的学校的名单。一旦自愿参加的学校被纳入被试群中，它们就会被随机分成试验组和控制组。
- 2010 年 5—6 月：开始教师培训。
- 2010 年 8 月初：实施基线调查。
- 2010 年 8 月中旬：教师开始使用由工作组开发的资源进行教学（一直进行到 2011 年 11 月）。
- 2010 年 11 月末：进行首次随访调查（在经过一学期理财教育后）。
- 2011 年春夏：举办家长讲习班。
- 2011 年 11 月：进行第二次随访调查。
- 2013 年 7 月：发表评估结果。

　　这个试验研究的分组是随机的，自愿参与项目的学校被随机选为试验组或控制组。这种随机安排是在学校层级上完成的，学校将试验研究的样本分成两组：一个为试验组，同时接受教材及教师培训，另一个则为控制组。为同时测试家长带来的潜在效应，试验学校的一半家长被随机选中参与家长理财教育的讲习班。

　　总计共有来自 6 个州的 891 所学校（439 所为试验组学校，452 所为控制组学校）约 2.6 万学生（每个学校选取 1 个班的学生）参与了这项试验研究。

　　这种随机安排的方法有助于确定学校的理财教育项目是否会使学生的理财知识、态度、决策能力等产生改变。大家关注的结果主要是学生和家庭层面的。

　　这个评估项目主要包含三个测量工具：理财素养测试、学生调查问卷以及家长调查问卷。前两个测量工具是专门针对不同的测试内容设计的，分别是：学生的理财素养、学生在处理理财问题时的自治程度和储蓄动机的强烈程度。

　　试验的最终结果非常鼓舞人心（Bruhn, et al., 即将出版）。随访调查结果表明：试验组学生理财素养的平均水平高于控制组。同样，关于理财自治程度以及储蓄态度的测量结果也呈现出一样的结论。所有的测量结果在统计学上都呈现显著差异（大多数个案在 0.01 的水平显著）。

同时，试验对家长也表现出积极的影响。评估发现：试验增加了家长的理财知识，促进了家长在家里对理财问题的讨论，大量的家庭因试验而制定了家庭消费的预算。

试验研究所得出的政策建议是非常值得借鉴的。因此，巴西教育部决定将该项目推广至巴西的 5000 所高中，并开始在小学试验该项目。同时，巴西教育部还决定开发一个虚拟的集合了全国理财教育资源的平台并促进指南的进一步开发。最终，基于可行性分析，巴西教育部还会在学生毕业后根据国家识别码（CPF）对其进行追踪研究。

加拿大

加拿大已将理财素养课程作为其核心课程的一部分。由不列颠哥伦比亚省证券委员会开发的"计划 10"项目的目标是培养学生成人日常生活所需的理财技能。该计划于 2005 年被引入学校，同年，不列颠哥伦比亚省教育部在全省范围内推荐该计划。不列颠哥伦比亚省证券委员会还承担了一项正在进行的项目，该项目旨在监测其"计划 10"项目以及"计划 10"项目教师资源的使用情况及有效性。

通过与一家调查公司合作，不列颠哥伦比亚省证券委员会设计了一项邮件调查，以收集教师在 2004—2005 学年对"计划 10"项目资源的使用情况以及对该项目的反馈。2005—2006 学年不列颠哥伦比亚省重复实施了该调查。以下是通过比较两年的调查数据得到的重要研究发现：

- 资源的使用率提高了 14%。
- 总体上关于资源的积极评定稍有提高。

- 总体上相关材料的使用稍有减少。
- 学生对资源的使用增加了 30%。

不列颠哥伦比亚省证券委员会将调查数据作为更新资源的重要依据。

2006 年夏，不列颠哥伦比亚省证券委员会与一家研究公司合作，设计了前测和后测，以收集学生关于"计划 10"项目的反馈。调查请学生在使用"计划 10"项目课程资源的前后回答相关问题。42 个学生被分成两个班，并接受了为期 4 天的"计划 10"项目的教学。通过研究得到以下几个重要发现：

- 多数学生表示该主题有趣、吸引人且易于理解。
- 85% 的学生对课程的评价为 B 或更高。
- 学生最可能使用理财生活技能主题的内容及预防金融诈骗的知识。

为收集学生关于"计划 10"项目的进一步反馈，不列颠哥伦比亚省证券委员会还在一所州立高中组织了一次学生团体讨论。学生被询问"计划 10"项目学生资源的重要特征，他们的反馈情况已被正在进行的项目资源开发所借鉴。

不列颠哥伦比亚省证券委员会分别于 2007 年和 2008 年在同一个学区进行了对高中生毕业后情况的两项调查。在过去的 14 年中，这个学区针对以下内容对高中毕业生（在他们毕业两年后）进行了评估：

- 是否找到了工作。
- 是否已经开始中学后的学习或培训。
- 他们在校的学习和经验是否为他们的生活、工作及下一阶段的学习提供了准备。

在前一次的调查中，高中毕业生并未感到他们高中的教育为他们的财务管理提供了足够的准备。为评估最近毕业的毕业生目前的理财素养，以及他们高中的经历是否为他们的财务管理提供了准备，2008 年的调查增加了 13 个问题。不列颠哥伦比亚省证券委员会在征询研究公司与学区的意见后设计了这些问题。不列颠哥伦比亚省证券委员会通过调查最近毕业的高中毕业生，研究加拿大不列颠哥伦比亚省的年轻人是否因学习了必修的"计划 10"项目理财课程而使他们的理财素养得到提高。

在研究方法上，为对近期的毕业生进行调查，加拿大不列颠哥伦比亚省还利用了高中在校生的资源让他们协助调查，这是因为学区发现，在接受调查方面，当调查者为在校生时毕业生的应答效果会更好些。研究得出了这样的重要结论：2008 年的毕业生在学习财务管理的知识方面，要比 2006 年的毕业生更胜一筹。研究人员得到如下结论："计划 10"项目理财课程的学习成为 2008 年毕业生在理财方面学到更多知识的重要原因。不列颠哥伦比亚省证券委员会将这项调查作为长期研究，并计划继续与学区一起实施对毕业生的调查，以发现他们是如何管理他们的金融生活的。

在过去的五年里，不列颠哥伦比亚省证券委员会还追踪了"计划 10"项目网站的使用情况。由不列颠哥伦比亚省证券委员会开展的对"计划 10"项目的评估为保证资源的有效性提供了重要的参考依据。这个评估非常重要，对加拿大金融消费者机构产生了重要影响，便于其在加拿大全国范围内对理财教育项目进行评价以鉴定哪些项目是成功的。为了给"计划 10"项目的成功提供证据，加拿大金融消费者机构与不列颠哥伦比亚省证券委员会合作，在这一计划的基础上首创了名为"城市理财生活技能资源"的产品，并将其推广至全加拿大。

英国英格兰

英国英格兰国家教育研究基金会（NFER）代表个人理财教育集团承担了一项关于"资金事务学习"项目的独立评估。"资金事务学习"项目为英格兰中学在向学生提供个人理财教育方面给予了帮助、支持及建议。该评估报告在 2009 年 9 月正式发布。

方　法

评估的设计主要基于以下四种方法：

- 通过对个人理财教育集团数据库的分析，在英格兰所有参与该项目的中学中识别出最具代表性的学校。
- 通过对样本进行电话调查，获得关于"资金事务学习"项目有效性及影响的概况。
- 通过访问样本校进行案例研究。
- 与个人理财教育集团的顾问进行电话访谈。

评估发现

以下重要发现直接引自项目评估报告（Spielhofer，Kerr，and Gardiner，2009）：

- 研究强调，学校需要个人理财教育集团通过"资金事务学习"项目提供持续的支持。学校间实施个人理财教育的差别较大，仍有许多学校未能在整个学年内向学生开设理财教育课程。此外，截至 2009 年 6 月底，还有 3690 所学校和学院未参与"资金事务学习"项目，超过了所有可以参与该项目学校数量的 53%。
- 大多数教师对个人理财教育集团顾问提供的支持表示非常满意。

他们认为顾问提供的以下方面的内容尤其重要：理财方面的知识、相关资源及课程要求，以及在应对学校和学生的需求时所体现出的专业性与灵活性。

- 参与"资金事务学习"项目成了教师在他们的学校开展或拓展个人理财教育的催化剂。然而，这种作用的发挥需要得到学校的支持，具体体现在高级管理层的支持、足够的课程时间、教师参与热情与积极性的激发上，以确保个人理财教育的成功与可持续推进。

- 在学校成功进行个人理财教育的主要障碍包括：其他竞争的课程，缺乏时间来准备、协调教学，较难找到对于个人理财教育教学有兴趣、有自信、充满激情的教师。

- 个人理财教育课程会在以下方面产生显著影响：学生对待储蓄及借款的态度，学生在处理资金问题时表现出的信心，学生对学校理财教育的评价。该研究也表明在部分学校，理财教育对学生的理财知识及理财技能产生了影响。

基于以上研究发现，评估报告还提供了关于项目改进的建议，具体如下：

- 向正在参与"资金事务学习"项目的学校提供支持。
- 在学校范围内持续改进和加强个人理财教育。
- 向所有学校及学院推广个人理财教育的价值及重要性。
- 开发介绍成功实践的指南，便于项目顾问将其向学校分享。

研究表明："资金事务学习"项目已促使很多学校在为个人理财教育学习创建更好的平台方面取得了显著的进步，尤其是在开发合适的教学方法与资源方面。同时研究也强调，需要做的事情还有很多，不仅需要维持和改善已有参与"资金事务学习"项目学校的个人理财教育教学，更需要进一步扩大该项目的实施范围，并使其有效地在更大的范围内让更多的学校参与进来。倘若没有由个人理财教育集团通过"资金事务学习"这样的项目提供的持续支持，恐怕面向学校所有学生实施的个人理财教育所获得的一切成果都可能会消失。（Spielhofer, Kerr, and Gardiner, 2009）

意大利

2008—2009 学年，意大利银行与意大利教育部（MIUR）实施了一项实验项目，将理财教育合并到学校课程中，主要在每学段的最后两年进行：小学的 4、5 年级，初中的 7、8 年级，高中的 12、13 年级。该项目在 2008—2009 学年进行试验，涉及来自该国 3 个区域 32 个班级的 631 名学生。随着每年参与学校数量的增加，在全国范围内推广该项目成了可能。2011—2012 学年，该项目在 1150 个班级实施，面向 23000 名学生教授理财教育课程。

项目的加入完全遵循自愿原则，该项目以跨学科的方法在学校引入理财教育。对此感兴趣的教师会接受由意大利银行提供的培训，培训主要围绕资金与交易主题展开。在每学年之初，意大利教育部会向学校介绍这个项目，由学校来决定是否参与以及让哪些班级参与。意大利银行则会为教师提供合适的培训及教学资源。

培训的内容包含由意大利银行专家提供的讲稿，其目的不仅是提高教师对理财素养重要性的认识，同时也包括增加教师的自信。为了进一步帮助那些对理财教育不熟悉的教师，意大利银行还开发了针对不同年龄教师需求的教学材料以及相关的教师指南。

正如为理财教育项目评估发布的经合组织 / 国际理财教育网络国家理

财教育战略高层次原则所推荐的那样（INFE，2011），该项目从设计之初就包含了项目评估的部分。评估聚焦学生知识，并在进行理财教育之前和之后分别对学生实施测试（Romagnoli and Trifilidis, 2013）。理财知识的增长被定义为：相比于前测后测分数的增加或测试正确率的提高。这些测试根据学校参与项目的水平和时间不同而有所不同。虽然意大利银行和意大利教育部的这个项目缺少正式的控制组，但面向所有参与者的测试允许研究者进行二次抽样来检查随着时间的推移研究结论是否发生变化、学生对知识的记忆是否持久。

同时，该项目的样本也允许研究者对其进行关于理财知识长期记忆情况的评估。2011—2012学年的参与者被分成两个部分：一部分只参与第一年的教学，另一部分则继续参与后续的教学。由于后续教学组在前一学年已经学习了一些核心问题，因此，在新一年的前测结果中，他们与同龄人是存在差异的。

研究表明，持续参与该项目的学生在知识获得方面确实比同龄人提高显著。尽管研究者对之前版本的测试内容进行了修订，但得到的结论是一致的，学生在一年之后仍能记得所学到的信息，这也证实了该项目在增进学生知识方面的有效性。

同时，研究者还对不同性别学生是否在理财知识的掌握方面存在差异进行了评估。实施理财教育之前的测试结果表明，所有年龄组女生的分数都低于男生，但性别间的差距在经过理财教育之后得以缩小。在初中的案例中，女生后测的成绩甚至还好于男生。

为增加对学生进行的二次评估的可靠性，意大利银行与意大利教育部决定暂时推迟对学生的测试，以便帮助调查获得更多的资源。

马来西亚

对马来西亚儿童理财素养项目的评估，是通过对儿童讲习班的前测和后测进行的。该评估的主要目的在于评价项目是否合适、有效，以确保项目目标能够满足参与者的需求。

信息与数据的采集分以下两个阶段进行：一是在讲习班开始之前，通过前测调查采集数据；二是通过讲习班之后的问卷调查采集后测数据。通过以上两个阶段，研究者发现了学生对项目满意度水平的变化以及对项目内容的合适程度和有效性评价上的改变。

对学校和学生对理财教育项目认识的测量是基于对理财教育网站（duitsaku.com）点击率以及会员数量的分析进行的。相关评估还会通过评价学生使用口袋账簿书管理日常财务的情况进行。

此外，得益于公共部门与金融机构（Fis）之间强有力的合作，马来西亚对该项目及其有效性的评估也会通过监测民间力量参与活动的情况进行。特别是，马来西亚通过以下方式收集有用数据：分析学校对公共部门与金融机构的访问频率；分析在公共部门与金融机构分发的口袋账簿书方面，学生使用口袋账簿书的比例及认为口袋账簿书很重要的比例；公共部门与金融机构开展关于口袋账簿书使用竞赛的比例。

英国苏格兰

2009 年 9 月，苏格兰政府委托有关机构在小学和中学进行了一项关于理财教育的独立的评估。[20] 该评估项目是由苏格兰政府内部的课程部门（学校理事会的一部分）委派的。苏格兰是英国第一个进行提升理财教育意识项目的地区，苏格兰的理财教育项目始于 1999 年，项目名称为"苏格兰学校理财教育的状况"。[21] 2008 年以前，苏格兰所有的学校均被要求将理财教育作为一项跨学科的教学活动进行。然而，苏格兰政府意识到，对年轻人而言，他们对学校实施理财教育项目对自身理财素养产生的影响、成效及结果仍旧知之甚少。

方 法

苏格兰政府委托的这个项目评估的设计主要分两个阶段。第一个阶段涉及在小学和中学的不同课程中识别与收集关于理财教育项目范围及影响情况的可用信息，同时对已有的关于苏格兰不同理财教育形式有效性的研究结果进行评价。

第二个阶段的评估则主要调查教师、校长及学生对理财教育项目和资源的认识。使用的评估方法包括在线调查，对学校教师、校长、学生及相关利益方进行定性访谈，咨询相关政策制定者、项目提供方及相关群体，等等。

评估发现

评估结果表明：理财教育项目已在大多数参与评估的学校中实施，并得以应用于较广范围的学科领域及不同年龄段的学生中。然而，理财教育作为跨学科课程被讲授的时候，教师更多地以开展专门活动的形式进行理财教育，而没有通过一系列活动将其整合到现有其他课程中。

评估发现，学校在将理财教育纳入教学的过程中也会遇到一些障碍。主要包括：理财教育在中学的地位偏低，没有得到应有的优先考虑，同时缺乏跨部门间的协调、沟通与组织；教学时间不足，缺少教学资源；学校在安排预算时缺少对理财教育的投入，且安排教师进行理财教育培训的时间不足。

来自地方政府官员、其他相关利益组织及其领导层、校长的支持被视为发展理财教育的重要支持性因素。教师与学生则影响与学校理财教育有效性相关的诸多方面，具体如下：

- 互动性；
- 教学资源与工作记录；

- 可供学生使用的故事案例或真实案例；

- 如何举办诸如"理财周"这样的活动；

- 与真实生活相关的实践案例；

- 外部支持、帮助及建议。

该项目评估推荐了若干种关于如何在苏格兰学校促进理财教育、提高其有效性的方法。基于评估发现的结果，研究者开发了一系列在中小学提高理财教育有效性的优秀实践案例及案例研究。

南 非

2008 年，南非金融服务理事会委托相关机构进行研究，开发理财教育的框架，以监测南非的理财教育项目并提升项目的有效性。2009 年 2 月发布的报告强调了监测与评估理财教育项目的复杂性。研究进一步强调，有必要在有地方限制的情境下理解和评估理财行为以及合适的理财产品与服务的可获得性。

通过研究，南非金融服务理事会开发了《监测与评估消费者理财教育项目的指南》。该指南的目的在于为开展理财教育项目的机构提供一系列指南与工具包，用于其对理财教育项目进行的监测与评估。所有南非金融服务理事会与理财教育相关的项目都必须有监测与评估的方案。2011 年，南非金融服务理事会开展了一项全国范围的基线研究，以获得关于南非理财素养水平的数据。目前，南非金融服务理事会正在进行项目监测与评估的工作，该过程与基线研究相一致。这项工作将应用于所有南非的理财教育项目，包括那些面向学校及教师的项目。

注　释

1．澳大利亚教育、就业、培训和青少年事务部长理事会，现被称为教育、早期儿童发展和青少年事务部长理事会，主要任务是协调澳大利亚全国的教育政策，包含基于目标的及利益共享的国家级事项的协商。该理事会的成员包括州政府、地区政府、澳大利亚政府以及新西兰相关部门的部长，负责学校教育的事务以及早期儿童发展和青少年事务。

2．参见 http://www.mceecdya.edu.au/mceecdya/national_goals_for_schooling_working_group,24776.html。

3．参见 http://www.acara.edu.au/curriculum/curriculum.html。

4．参见 http://www.acara.edu.au。

5．更多关于巴西国家优先战略的信息，请参见 2013 年在俄罗斯举行的 G20 领导人峰会。

6．参见 http://www.nzcurriculum.tki.org.nz/Curriculum-resources/Learning-and-teachingresources/Financial-capability。

7．参见英国金融服务管理局的研究（Financial Services Authority of the UK, 2006）。

8．学校相关故事请见以下链接：http://nzcurriculum.tki.org.nz/Curriculum-resources/Learning-and-teachingresources/Financial-capability/FC-school-stories。

9．参见 http://www.nicurriculum.org.uk/fc/。

10．更多详细信息请见：http://www.pfeg.org/curriculum_and_policy/northern_ireland/index.html 和 http://www.nicurriculum.org.uk/fc/。

11．关于草案概览的案例详见以下链接：http://www.nicurriculum.org.uk/microsite/financial_capability/documents/keystage 1/FC_Spec_key_stage_1.pdf。

12. 参见 http://www.themoneybelt.gc.ca。

13. 参见 http://www.pfeg.org/teaching_resources/index.html。

14. 参见理财入门联盟的研究（Jump$tart Coalition for Personal Financial Literacy, 2007）。

15. 经合组织及国际理财教育网络目前正在开发《民间及公民利益相关者理财教育指南》（Guidelines for Private and Civil Stakeholders in Financial Education），该指南最终将于 2014 年完成。

16. 参见 http://www.duitsaku.com。

17. 指南与课程计划可在 http://www.duitsaku.com 获得。

18. 参见国际理财教育网络（INFE，2011）以及戎等人（Yoong, et al., 2013）的研究。

19. 试验项目的评估可能会通过几家机构间的合作来完成，其主要是基于理财素养的评估，具体涉及俄罗斯／世界银行／经合组织理财素养与教育信托基金等机构。参与评估的合作单位有世界银行研究部、世界银行项目发展影响评估机构（DIME）及公共政策中心与教育评价中心（CAEd），还涵盖民间组织，如巴西金融与资本市场机构协会（ANBIMA）、巴西商品期货交易所、巴西银行联盟（FEBRABAN）及伊塔乌联合银行研究院（IU）。

20. 参见苏格兰政府社会研究小组的研究（Scottish Government Social Research, 2009）。

21. 参见苏格兰学习与教学组织的研究（Learning Teaching Scotland, 1999）。

参考文献

经合组织推荐

OECD (2005), Recommendation on Principles and Good Practices on Financial Education and Awareness. http://www.oecd.org/finance/financial-education/35108560.pdf.

经合组织、国际理财教育网络的工具及相关成果

Atkinson, A. and Messy, F. (2012), Measuring Financial Literacy: Results of the OECD/INFE Pilot Study. In OECD (Ed.), *OECD Working Papers on Finance, Insurance and Private Pensions* (No. 15): OECD Publishing. http://dx.doi.org/10.1787/5k9csfs90fr4-en.

Grifoni, A. and Messy, F. (2012), Current Status of National Strategies for Financial Education: A Comparative Analysis and Relevant Practices. In OECD (Ed.), *Working Papers on Finance, Insurance and Private Pensions* (No. 16): OECD Publishing. http://dx.doi.org/10.1787/5k9bcwct7xmn-en.

INFE (2010a), Guide to Evaluating Financial Education Programmes. http://www.financial-education.org.

INFE (2010b), Detailed Guide to Evaluating Financial Education Programmes. http://www.financial-education.org.

INFE (2011), High-level Principles for the Evaluation of Financial Education Programmes. http://www.financial-education.org.

OECD (2013), Financial Literacy Framework. In OECD, *PISA 2012 Assessment and Analytical Framework: Mathematics, Reading, Science, Problem Solving and Financial Literacy*: OECD Publishing. doi: 10.1787/9789264190511-7-en.

OECD/INFE (2009), Financial Education and the Crisis: Policy Paper and Guidance. http://www.oecd.org/finance/financial-education/50264221.pdf.

OECD/INFE (2012), High-level Principles on National Strategy for Financial Education. http://www.oecd.org/finance/financialeducation/OECD_INFE_High_Level_Principles_National_Strategies_Financial_Education_APEC.pdf.

OECD/INFE (2013), Toolkit to Measure Financial Literacy and Inclusion: Guidance. http://Core Questionnaire and Supplementary Questions. http://www.financialeducation.org.

其他参考文献

Bruhn, M., de Souza Leao, L., Legovini, A., Marchetti, R., and Zia, B. (2014, forthcoming), Financial Education and Behaviour Formation: Large-Scale Experimental Evidence from Brazil, World Bank.

COREMEC, Comitê de Regulação e Fiscalização dos Mercados Financeiro, de Capitais, de Seguros, de Previdência e Capitalização (2009a), Estratégia Nacional de Educação Financeira. http://www.vidaedinheiro.gov.br/Imagens/Plano%20Diretor%20ENEF.pdf.

COREMEC, Comitê de Regulação e Fiscalização dos Mercados Financeiro, de Capitais, de Seguros, de Previdência e Capitalização (2009b), Orientação para Educação Financeira nas Escolas, Estratégia Nacional de Educação Financeira – Anexos. http://www.vidaedinheiro.gov.br/Imagens/Plano%20Diretor%20ENEF%20-%20anexos.pdf.

Financial Services Authority of the UK (2006), Financial Capability in the UK: Creating a Step Change in Schools. http://www.fsa.gov.uk/pubs/other/step_change.pdf.

Jump$tart Coalition for Personal Financial Literacy (2007), National Standards in K-12 Personal Finance Education with Benchmarks, Knowledge Statements, and Glossary. http://www.jumpstart.org/assets/files/standard_book-ALL.pdf.

Learning Teaching Scotland (1999), Financial Education in Scottish Schools: A Statement of Position. http://www.ltscotland.org.uk/Images/financialedstatement_tcm4-121478.pdf.

Learning Teaching Scotland (2010a), Financial Education: Developing Skills for Learning, Life and Work. http://www.educationscotland.gov.uk/Images/developing_skills_web_tcm4-639212.pdf.

Learning Teaching Scotland (2010b), Maintaining Momentum: A Partnership Approach to Improving Financial Education in Scottish Schools. http://www.educationscotland.gov.uk/publications/m/publication_tcm4639238.asp.

Romagnoli, A., and Trifilidis, M. (2013), Does Financial Education at School Work? Evidence from Italy. *Occasional Papers(Questioni di Economia e Finanza)* (No. 155): Bank of Italy Publishing.

Russia's G20 Presidency-OECD (2013), Advancing National Strategies for Financial Education.http://www.oecd.org/finance/financialeducation/G20_OECD_NSF inancialEducation.pdf.

Scottish Government Social Research (2009), Evaluation of Financial Education in Scottish Primary and Secondary Schools. http://www.scotland.gov.uk/Resource/Doc/259782/0077311.pdf.

Spielhofer, T., Kerr, D., and Gardiner, C.(2009), Evaluation of Learning Money Matters.Final Report. National Foundation for Educational Research. http://www.nfer.ac.uk/nfer/publications/LMM01/LMM01.pdf.

Yoong, A., Mihaly, K., Bauhoff, S., Rabinovich, L., and Hung, A. (2013), A Toolkit for The Evaluation of Financial Capability Programs in Low- and Middle-Income Countries. http://www.finlitedu.org/team-downloads/evaluation/toolkit-for-the-evaluation-of-financialcapability-programs-in-low-and-middle-income-countries.pdf.

第三章
理财教育学习框架的比较

....

　　理财教育学习框架为小学和中学层次的理财教育提供了一份有计划且连贯的参考。理财教育学习框架从元水平（meta-level）出发，为理财教育提供了预期学习成果／标准的示范。本章在《国际理财教育网络中小学理财教育指南》的基础上，提供了更详细的国际理财教育网络的学习框架。本章对学习框架从设计到实际实施的全过程进行了比较分析，并对可获得的相关学习框架进行了细致的描述。本章首先着重分析了学习框架的研制，特别是相关机构在起草学习框架、制定学习目标及认可机构资质等方面的责任；之后，强调了学习框架的内容，包括理财教育关注的维度、预期学习成果／标准及学习主题；最后，在学习框架的实施方面，论述了理财教育与其他学科的联系、有效教学法、学生学习成就评估以及教师的角色。

....

范围与定义

　　为便于分析，理财教育学习框架被定义为可在全国范围内（或具有明显的本地特色和区域特色的范围内）为正规学校提供的一个有计划且连贯一致的理财教育框架。理财教育学习框架从元水平出发，为义务教育学校，或是小学和中学，提供理财教育的预期学习成果／标准的描述。基于上述标准，本报告共选取 11 个理财教育学习框架进行分析（表3.1）。

　　本章由内容相衔接的两部分构成。第一部分对选取的学习框架的机构组织特性、内容及教学特性进行比较分析。第二部分对每一个框架的特点进行综述。

表 3.1　理财教育学习框架摘要

国家/地区	学习框架	发布时间	负责机构
澳大利亚	全国消费者与理财素养框架	2005 年首次发布，2009 年及 2011 年更新	教育、早期儿童发展和青少年事务部长理事会
巴西	学校理财教育指南	2009 年	全国及地方教育部门与相关配合部门：巴西证券交易委员会（由巴西中央银行提供支持），私人养老金计划秘书局（PREVUC）及巴西保险监督管理局
英格兰 *	中学课程中的理财能力指南：关键阶段 3 及关键阶段 4	2008 年	儿童、学校与家庭部
日本	理财教育项目	2007 年	中央金融服务信息委员会
荷兰	理财教育的基础愿景：课程框架的研制与实施	2009 年 1 月	荷兰财政部牵头的卓越理财平台
马来西亚	学校援助计划中的马来西亚在校生理财教育学习框架	2006 年	马来西亚国家银行相关部门，教育部，参与学校援助计划的金融机构
新西兰	理财能力课程	2009 年	教育部，理财素养与退休收入委员会
北爱尔兰	北爱尔兰理财能力课程	2007 年	北爱尔兰执行委员会，课程考试与评估委员会
苏格兰	苏格兰中小学理财教育地位的声明	1999 年	苏格兰课程咨询委员会
南非	（纳入）南非《国家课程声明》	2004 年首次发布，2010 年修订	教育部，南非金融服务理事会
美国	K-12 个人理财教育国家标准	2007 年（第三版）	理财入门联盟

　　* 这项课程由于一直处于不断研制的过程中，目前没有被正式用于教学，但因具有参考价值而被保留。

现行框架的发展史

在苏格兰、新西兰、北爱尔兰、英格兰等地，理财教育学习框架是由管理学校课程的政府教育机构制定的。在澳大利亚，理财教育学习框架的制定被委托给澳大利亚教育、就业、培训和青少年事务部长理事会来进行，该机构是由来自各州和行政管辖区的代表组成的。在南非，理财教育学习框架是由教育部及南非金融服务理事会制定的。

在马来西亚、日本及荷兰等国，则有明显的私人部门参与理财教育学习框架的制定。马来西亚国家银行与教育部及其他金融机构合作，在理财教育学习框架的制定中扮演领导角色。在日本，由日本银行及其他组织组成的中央金融服务信息委员会在理财教育项目的发展中起着领导作用。在荷兰，政府与来自金融部门及消费者组织的合作者也达成了合作协议。

美国的理财教育学习框架是由理财入门联盟研制的，该组织是非营利性质的，由 180 个私人部门、教育组织及 47 个隶属的州联盟组成，该框架并未强制性覆盖国家学校系统。

在巴西、新西兰、南非及英国，负责牵头全国理财教育策略制定的政府资助机构在理财教育学习框架的发起及研制中起着领导作用。在新西兰，理财素养与退休收入委员会制定、试验并独立评估了框架草稿，之后正式将制定理财教育学习框架的责任移交给了教育部。南非金融服务理事会在制定理财教育学习框架时起着显著作用，该理财教育学习框架被纳入了《国家课程声明》之中。在英国，金融服务机构与政府开发了一份理财素养联合行动计划。该项工作推动了英格兰及北爱尔兰理财教育学习框架的研制。

框架目标及社会认可情况

在澳大利亚、英格兰、日本、荷兰、新西兰、北爱尔兰、苏格兰及南非，理财教育学习框架的目标是相似的，都旨在直接为学校及教师提供指导，鼓励、支持他们理解理财教育并将其引入他们的教学项目。荷兰还为家长提供相应的指导。

相反，由于联邦教育政策及州教育系统的缘故，巴西及美国的理财教育学习框架旨在为州一级层面的理财教育大纲的制定提供指导，就其本身而言，并没有说明理财教育如何与具体的课程相连接。这些框架同时还为理财教育教学资料开发者提供指导。在巴西，由不同政府机构组成的工作组建立了一个由州和地方政府代表组成的教育教学支援团，旨在为学校理财教育制定战略层面的文件。

在马来西亚，当前的理财教育学习框架的目的在于为教师及在学校援助计划赞助下发展理财教育项目的金融机构提供指导。

除了理财入门联盟的框架，其他所有的框架都已经得到各自政府教育当局的支持。理财入门联盟的框架尚未得到政府教育当局的正式支持，但是一直作为被评审对象，并且作为个人理财教育课程的框架被美国大部分的理财教育提供者采用。

对理财教育内容和教学特点的比较分析

理财教育的焦点和定义是什么？

澳大利亚及马来西亚的理财教育学习框架集中于"理财素养"的发展，同时，澳大利亚和荷兰的框架中还包含消费者素养的内容。新西兰、英格兰、苏格兰及北爱尔兰的理财教育学习框架的焦点被称为"理财能力"。在南非，理财教育的内容被融合进不同的学科（经济管理学、数学素养、消费者研究及会计学），包含了理财知识和理解、理财技能、理财态度与责任以及理财行为等方面。日本的理财教育学习框架还包含"金钱教育"。

尽管不同的国家在理财教育学习框架的焦点方面使用了不同的术语，

这些术语的定义却极为相似。在所有情况下，理财素养和理财能力都被视为比金钱计算范围更广阔的概念。二者均被视为包含了知识和技能，以及运用这些知识和技能去制定理财决策的能力（参见附录 3.1 中的附表 3.1.3）。本章中，除了讨论框架的名称外，均使用理财素养这一术语。

使用术语"理财能力"的国家将其定义为个人使用及管理金钱与制定相关决策的能力。在北爱尔兰，理财能力还包含理财责任的概念。在英格兰，一个具有理财能力的人被定义为一个自信的、能对理财服务进行质疑并获取相关信息的消费者。类似于澳大利亚，苏格兰的框架包含理财决策对人们生活的影响，同时，理财能力的定义也包含对理财大环境的影响。

"理财素养"同样被看作包含行为、知识、理解和技能等方面的概念。美国和马来西亚对于理财素养的定义仅限定于个人层面，而澳大利亚的定义更为广泛，包含了消费者素养，以及相关伦理决策对于大环境及社会产生的影响。

> 消费者和理财素养是知识、理解、技能和价值在消费者和理财领域中的应用，以及相关决策对个人、他人、社会和环境的影响。[1]

日本的理财教育学习框架聚焦于对金钱和理财的理解，目的在于帮助人们产生改善个人生活方式及更广阔的社会环境的意识，树立相关的态度。

理财教育的维度

现有的理财教育学习框架有类似的理财教育维度，分别为知识和理解、技能和能力、态度和价值。苏格兰、澳大利亚、日本和南非的理财教育学习框架还包含进取心方面的内容。

在态度和价值维度上，澳大利亚、新西兰、马来西亚、南非、苏格兰和北爱尔兰等国家和地区的理财教育学习框架包含了对更广泛的社会和环境的认知。例如，马来西亚的框架包含理财责任的内容，能让儿童体会到理财决策是如何影响个人、家庭和社会的。荷兰的框架还强调了持续投资等社会理财能力。巴西的框架则涵盖了经济体和金融系统（银行）等内容。

在英格兰 2008 年的理财教育学习框架和美国理财入门联盟的理财教育学习框架中，态度和价值维度所包含的范围则更为有限：仅专注于个人的责任，不涉及个人理财行为更广泛的影响。

日本理财教育学习框架的维度集中于个人层面对理财的理解，同时也包含了消费者权益和生涯教育方面的内容。

预期学习成果／标准

所有的理财教育学习框架均提供预期学习成果／标准的描述，然而展示的方式略有不同。

除了马来西亚和苏格兰，其他国家和地区的框架都提供了基于整个课程不同学习层次的特定预期学习成果的描述。这些学习成果通常根据理财教育的维度来设定。马来西亚和苏格兰的框架提供了不同维度的预期学习成果的相关描述，但是没有划分层次。南非的框架提供了一份根据年级层次整合的不同科目的预期理财素养学习成果的描述。荷兰的框架提供了一份根据年龄和领域划分的理财素养关键概念列表（区分了普通教育和职业教育）。

包含的主题

现有的理财教育学习框架有一些共同的主题，包括：

- 金钱和交易；
- 理财计划和资金管理（包含储蓄和支出，信用和债务，金融决策的制定）；

- 风险和回报；
- 理财环境（包含消费者的权利和义务，以及学生对金融、经济和社会系统的理解）。

澳大利亚、日本、北爱尔兰、苏格兰和南非的理财教育学习框架还包含消费者权利和义务的相关内容。美国理财入门联盟、日本、马来西亚和南非的理财教育学习框架涉及投资方面的内容。南非的框架还包括欺诈防范和追索、保险和退休等内容。

覆盖的教育等级

荷兰、日本、马来西亚、苏格兰和美国理财入门联盟的理财教育学习框架覆盖了所有的正规教育等级。澳大利亚、新西兰和北爱尔兰的框架覆盖了幼儿园或小学开始至 10 年级（中学的早期阶段）这一阶段。苏格兰和英格兰 2008 年的框架仅关注中学阶段，直至关键阶段 4。南非的框架覆盖了 7—12 年级。

理财教育纳入课程的方式（另请参阅第二章"中小学理财教育的实施"）

在所有的理财教育学习框架中，跨学科整合都是将理财教育引入教学项目的推荐方式。在大多数情况下，这是因为理财教育的预期学习成果没有被明确包含在现有课程中。

从 2008 年开始实施的英格兰新课程在某种程度上是个例外，其经济福利和金融素养课程中学部分的个人社会健康和经济教育中明确包含了理财素养。即便如此，英格兰 2008 年的框架还推荐了一种将理财教育的预期学习成果融入其他科目的整合课程。

美国理财入门联盟则建议根据各州的具体情况来决定是将理财教育整合入其他课程还是开设独立的理财教育课程。

课程间的联系

荷兰、英格兰、日本、新西兰、北爱尔兰、苏格兰和南非的理财教育学习框架提供了理财教育预期学习成果和其他特定课程科目预期学习成果之间的具体联系。澳大利亚和美国理财入门联盟的框架中不包含这种联系，因为在联邦教育系统中，二者均需要在州和地方的层面来建立这种联系。

下面的科目可作为融合理财教育的媒介（按频率排序）：

- 生活技能，个人和社会发展，个人社会健康和经济教育，公民，环境和社会，道德教育，社会和职业技能；
- 数学和计算；
- 民族语言，文学，现代语言；
- 科学，环境研究；
- 经济，商业管理，会计；
- 社会和消费者研究；
- 地理；
- 文科类科目；
- 设计和科技，信息与通信技术，工艺和设计；
- 宗教教育；
- 现代化研究。

澳大利亚和新西兰的理财教育学习框架明确了理财教育与总体课程预期学习成果的联系，如关键能力和价值观的培养，并推荐将理财素养作为学校跨学科教学的主题。

苏格兰和英格兰的理财教育学习框架也涉及理财教育与实现总体课程预期目标的联系。英格兰的框架列举了三个中学课程的强制性目标，并陈述了理财教育对这三个目标的贡献，这三个目标具体如下：

- 成为享受学习并取得进步和成就的成功的学习者；
- 成为能够享受安全、健康和充实生活的自信的人；
- 成为对社会做出积极贡献的有责任的公民。

有效教学法（另请参见第二章"资源与教学资料"）

美国理财入门联盟的理财教育学习框架不包含对有效教学的指导。其他的框架则提供了不同层次的指导：从有限的指导到包含有教学实践案例和课程计划细节的更广范围的指导。

推荐的有效教学方式包括：

- 参与"真实世界"中的金融活动；
- 探究式学习；
- 批判性参与和讨论；
- 研究和项目式学习；
- 跨学科的方法；
- 基于活动的方法，包含角色扮演和模拟活动。

日本、新西兰、英格兰和北爱尔兰的框架包含对有效教学实践案例的描述。马来西亚的框架涉及简单的课程计划。新西兰和英格兰的框架在创建支持性学习环境方面给予教师指导，在该环境中，学生的文化背景和价值能够被认可。

　　马来西亚的理财教育学习框架涉及马来西亚国家银行在跨学科背景下开展理财教育课程的方式。该框架还适用于为学习障碍等困难儿童设计的项目。

　　苏格兰和荷兰的框架涉及在课外活动和基于社区的活动的背景下发展学生的理财素养。新西兰、马来西亚和荷兰的框架注意到了将家庭和社区纳入理财教育课程的重要性，如下述从新西兰的框架中摘抄的内容所述：

> 　　发展理财能力提供了一个真实的学习环境来促进学校和其他利于学生成长的文化背景之间的联系。这为在社区中很多富有成效的伙伴关系的建立提供了机会，如家长、毛利大家庭（whanau）[2]、银行等机构、预算顾问和社区教堂等与学校建立的伙伴关系。

　　此外这些框架还包括了两个富有成效的构建伙伴关系的案例。

学生学习成就评估

　　英格兰和日本的理财教育学习框架为学生学习成就的评估提供了具体指导。英格兰的框架包含了对日常评估和阶段性评估与理财教育预期学习成果之间关系的描述，并为收集能够证明学校理财素养课程的质量和有效性的证据提供了建议。日本的框架为评估学生学习成就和教学资源中的有效教学实践案例提供了方法，同时提供了评估学生学习成就的示例。

　　荷兰的框架举例说明了在一些国家考试（如数学考试）中已经出现的与理财教育相关的问题，并对未来与国家教育测量机构合作设计评估项目进行了展望。在南非，正如在《课程评估和政策声明》（2011 年）中约定的那样，评估按照教育部的一般程序进行。

　　没有任何一个理财教育学习框架提供了有关是否将理财教育的学生学

习成就评估纳入国家考试的信息。

2012 年经合组织国际学生评估项目对理财素养测试的介绍也提到应开发评估框架，使其可以为全球范围的政策制定者和教育机构的决策者提供参考（OECD，2013）（另请参阅第二章"理财教育项目的评估"）。

教学资源（另请参阅第二章"资源与教学资料"）

多数理财教育学习框架都提供了支持理财教育的教学资源链接，最常用的形式是网络链接。在多数情况下，这些资源并不是为了支持框架的实施而特别开发的，而是之前就存在且被认为是具有相关性的。巴西是一个例外，其教师使用的书是为理财教育试点工程特别开发的。澳大利亚、英格兰和美国理财入门联盟的框架为教师选择有效的资源提供指导，同时英格兰 2008 年的框架和美国理财入门联盟的框架还涉及特定的质量保证原则。

澳大利亚和英格兰 2008 年的框架对与来自金融和商业社区的外部贡献者进行合作提供了建议，同时指出了确保这一过程中不推销理财产品及服务的重要性。在澳大利亚，教师可以从一家专题网站（www.teaching.moneysmart.gov.au）中获得支持，该网站提供课程链接、案例研究和示例，按照年级层次、学习领域、读者和资源类型进行划分，同时可以链接到各州和行政管辖区的理财教育门户网站以及一系列高质量的资源上。

南非的理财教育学习框架推荐使用由南非金融服务理事会和相关理财服务部门联合开发的教科书及小册子，学校可以获得印刷材料及光盘文件。金融机构深入参与了南非理财教育资源的开发。

教师专业发展（另请参阅第二章"教师培训"）

理财教育学习框架可以指导教师将理财教育纳入教学，进而促进他们的专业发展。北爱尔兰免费为学校和教师提供现场工作坊来满足他们的需求。在日本，中央金融服务信息委员会、金融服务信息地方议会以及日本证券交易协会举办研讨会和会议来鼓励教师引入理财教育。大部分与美国理财入门联盟合作的州都会提供名师工作坊来支持理财教育。在南非，教育部门负责教师的专业发展，南非金融服务理事会还要求所有提供给教师的资源都需通过专门工作坊的审核。

澳大利亚的框架强调专业的学习对于理财素养养成的必要性。澳大利亚在 2006 年开发了一套全国通用的教师专业学习策略，并于 2007 年由澳大利亚证券投资委员会跟进开发了一套国家级的专业学习包。澳大利亚政府于 2008 年开始向教师的专业学习提供国家级资助，并继续将其作为一个优先事项进行。

现行理财教育学习框架

澳大利亚理财教育学习框架

框架的发展史

澳大利亚全国消费者与理财素养框架最先由当时的教育、就业、培训和青少年事务部长理事会于 2005 年主持制定，以回应大量提升澳大利亚消费和理财竞争力的呼吁。这个由该部长理事会支持的国家性的框架的出台标志着澳大利亚理财教育正式开始纳入学校课程。所有部长都已同意，自 2008 年起，在义务教育年限（从幼儿园到 10 年级）内，在他们的州将理财教育与当地课程框架进行衔接。

在全球经济危机的影响和 2008 年新的国家学校教育目标[3]的引导下，澳大利亚全国消费者与理财素养框架的理论基础于 2009 年进行了进一步的更新。澳大利亚新国家课程的实施（2011—2016 年[4]）促使框架在 2011

年得到了新一轮的全面审查[5]，以确保学生学习的内容和进展能更好地适应新国家课程。所有教育行政管辖区均认同该框架的这些变化。

统一的澳大利亚国家课程的发展为加强学校消费和理财素养教育以及测试课程与所提供的材料的一致性提供了契机。与此同时，各州和行政管辖区仍然可以灵活地实施澳大利亚新国家课程。

全国消费者与理财素养框架（2011 年）中的理财教育

澳大利亚的这一框架中有三个相互关联的有关消费和理财素养的层面：

- 知识和理解；
- 能力；
- 责任感与进取心。

知识和理解

学生学习金钱的本质、形式和价值，收入和支出的相关知识，以及消费和理财专业术语。学生明白，不论是现在还是未来，金钱的来源很多，金钱可以用来为我们的需求和愿望提供资金上的支持。学生了解影响消费者选择的重要因素，包括广告、信息与通信技术和媒体。他们掌握消费者的权利和义务、获得商品和服务的法定权利和义务以及消费和理财的风险性与复杂性的相关知识。学生学会识别诈骗和其他风险，知道如何寻求帮助或纠正消费和理财环境。

能　力

学生认识到金钱是有限的资源，需要对其进行管理。在各种各样的"现实生活"的环境中，学生学习使用各种实用工具和策略（包括信息技术，数字和在线工具）来记录财务状况，每天管理自己的财务并对未来进行规划。学生明白收支平衡的重要性，以及购买商品、服务和理财产品时要考虑"最优价值"。学生学习区分事实和观念，并评估广告的内容。学生们开始识别各种消费和理财风险，同时学习如何对其进行有效管理。

责任感与进取心

学生探寻如何成为负责任的和有道德的消费者，以及商业活动的责任人如何承担对消费者的法律和道德责任。学生审查和反思自己作为商品和服务的生产者与消费者的角色，以及该角色如何融入更广泛的国家和全球性的经济和社会背景中。学生还探索社会文化和个人价值对消费和理财选择的影响，同时学习消费和理财决策的结果，知道该结果不仅涉及个人及其家人，而且还会对更为广泛的社区和环境产生影响。通过在班级和（或）学校活动（如学生调查、慈善筹款、产品设计和开发、经营企业和特别活动）中应用学习的消费和理财知识与技能，学生学会履行个人和集体责任，了解经营行为。

预期学习成果 / 标准

该框架为四个学年的每个层面的理财教育都提供了预期学习成果描述。根据计划，澳大利亚全国消费者与理财素养框架的相关描述会在适当的时候进行修订，以与澳大利亚新国家课程进行衔接。

第二学年

知识和理解

学生可以：

- 识别澳大利亚的货币，包括纸币和硬币；

- 认识到钱是有限的，来源多样；
- 认识到钱可以满足需求和愿望；
- 解释钱是如何换取商品和服务的；
- 认识和描述需求和愿望之间的差异。

能力

学生可以：

- 用钱购买"现实生活"情境中的基本商品和服务；
- 识别澳大利亚各种票据和硬币的通用符号和术语；
- 认识到消费和理财是日常生活的一部分，如挣钱、消费、储蓄、支付账单、捐赠等；
- 比较同类物品的费用；
- 明晰自己的消费偏好并解释自己的选择；
- 描述广告如何影响消费者的选择。

责任感与进取心

学生可以：

- 认识个人消费决策影响自己、家人以及更广泛的社会和环境的简单方式；
- 认识和解释同伴的压力如何影响购买选择；
- 应用在班级和学校活动（如学生调查、慈善筹款、商业投资和特别活动）中学习的消费和理财知识及技能；

- 通过参加相关班级和学校活动了解企业行为；

- 意识到什么是网络、数字消费和理财环境中的安全、有道德和负责任的行为；

- 认识到家庭、社区和社会的文化价值和习俗可以影响消费者的行为和财务决策。

第四学年

知识和理解

学生可以：

- 解释钱的不同使用形式；

- 认识不同形式的收入；

- 解释工作在社会中扮演的角色并区分有偿工作和无偿工作；

- 解释为什么在金融机构存钱能赚到利息；

- 解释为什么相同的商品和服务价格不同；

- 对不同的需求和愿望进行识别、解释、排序；

- 认识到不同的国家会使用不同的货币。

能力

学生可以：

- 用钱购买"现实生活"情境中的基本商品和服务；

- 出于特殊需要，制定出简单的预算；

- 准确地完成简单的理财活动，包括网上交易；

- 分类和比较商品、服务；

- 明确自己的支出偏好，并讨论原因；

- 讨论购买商品和服务的某些方式，如使用现金、借记卡和信用卡；

- 知道广告的一系列主要特征。

责任感与进取心

学生可以：

- 认识个人消费决策影响自己、家人以及更广泛的社会和环境的简单方式；

- 认识和解释同伴的压力如何影响购买选择；

- 应用在班级和学校活动（如学生调查、慈善筹款、商业投资和特别活动）中学习的消费和理财知识与技能；

- 通过参加相关班级和学校活动了解商业行为；

- 意识到什么是网络、数字消费和理财环境中的安全、有道德和负责任的行为；

- 通过宣传志愿机构的作用帮助社区需要理财帮助的人；

- 认识到家庭、社区和社会的文化价值和习俗可以影响消费者的行为和理财决策。

第六学年

知识和理解

学生可以：

- 解释金融交易为何不仅仅局限于使用纸币和硬币；

- 描述个人如何影响他人的收入；

- 探索无薪工作对社会的价值；

- 认识到家庭会使用家庭收入来满足常规理财需求与当前、未来的支出需求；

- 分析已知需要的相关商品和服务的价值；

- 确定并讨论消费者和企业的一些权利和责任；

- 解释如何借钱以满足需求和愿望，以及由此可能产生的费用；

- 认识到不同国家的货币相对澳元有不同的价值。

能力

学生可以：

- 使用一系列的方法和工具，以记录在"现实生活"情境中的理财情况；

- 出于一些目的创建各种简单的预算，并解释储蓄对于满足未来的需求和愿望的意义；

- 准确地达成和解释理财活动的目的，包括网上交易；

- 在"现实生活"情境下的各种情况中评估各种货物和服务的价值；

- 明确自己的支出偏好，并认识其原因；

- 讨论购买商品和服务的各种支付方式，如现金、借记卡、信用卡和贝宝（PayPal）；

- 解释各种发票账户信息，如电费账户所呈现的图形信息；

- 知道广告、其他营销手段和社交媒体影响消费决策的主要特点。

责任感与进取心

学生可以：

- 认识个人消费决策对自己、家人以及更广泛的社会和环境的影响；
- 审查和讨论影响消费者选择的外部因素；
- 解释消费和财务决策中涉及的伦理问题；
- 应用在班级和学校活动（如学生调查、慈善筹款、产品设计与开发、企业经营和特别活动）中学习的消费和理财知识、技能；
- 通过参加相关班级和学校活动练习各种商业行为；
- 练习实施在网络、数字消费和理财环境中的安全、有道德和负责任的行为；
- 根据购买行为的性质、背景以及个人情况和价值观识别消费后带来的满足感；
- 认识到家庭收支平衡的重要性；
- 通过讲解志愿机构所发挥的作用，帮助社区中在理财方面需要帮助的人；
- 认识到家庭、社区和社会的文化价值及习俗可以影响消费者的行为和理财决策。

第八学年

知识和理解

学生可以：

- 认识和解释追踪与确认交易情况、记录财务状况以管理收支的重要性；

- 明晰和讨论有哪些可以赚钱的临时就业（casual employment）机会；

- 明晰临时就业对社区的作用和临时就业者的一些相关的权利与责任；

- 解释为什么设置和优先考虑个人财务目标是很重要的；

- 在"现实生活"情境中研究、确定并讨论消费者的权利和责任；

- 研究、鉴定和讨论给消费者提供商品和服务的企业的法律权利和责任；

- 明晰"条款和条件"的内涵，如收费、罚款、利息和授权；

- 明晰并讨论不同形式的"信用"和所涉及的费用；

- 分析和解释影响消费者选择的各种因素；

- 了解从哪里可以获得有关消费者和企业权利与责任的可靠信息；

- 识别消费和金融活动中的风险，如诈骗、身份盗窃、欺诈交易，以及避免这些的方法。

能力

学生可以：

- 使用一系列的方法和工具，以记录"现实生活"情境中的财务状况；

- 创建简单的预算和财务记录，以实现特定的财务目标；

- 在不同的人生阶段对比收支情况和生活方式；

- 准确地完成一系列理财活动并解释其目的，包括网上交易；

- 购买商品和服务时，确定"交易"所包含的价值，如"买一赠一"；

- 确定和比较使用不同方式［如现金、信用卡、预付款（lay-by）和贷款］支付货款的实际成本和所获得的服务；

- 在各种"现实生活"情境中，在琳琅满目的商品和服务中做出选择；

- 在"现实生活"情境中进行货币的转换；

- 探索购买商品和服务的付款方式〔如现金、借记卡、信用卡、贝宝、奥式支付宝（Bpay）、预付费选项、电话和网上银行转账〕的利弊；

- 解释安全可靠的利用网上银行进行交易和购物的程序；

- 识别并采取预防措施，防止身份盗窃并且能说明出现这种状况时该采取的措施；

- 获取和评估解决消费纠纷的策略；

- 识别并解释广告、其他营销手段和社交媒体对于消费者决策的影响。

责任感与进取心

学生可以：

- 解释个人和集体消费决策可能对更广泛的社区和环境产生的影响；

- 在"现实生活"情境中，采取熟悉且自信的消费决策；

- 讨论与广告和为消费者提供商品和服务相关的法律和道德问题；

- 应用在班级和学校活动（如学生调查、慈善筹款、产品设计与开发、企业经营和特别活动）中学习的消费和理财知识与技能；

- 通过参加相关班级和学校活动练习各种商业行为；

- 练习实施在网络、数字消费和理财环境中的安全、有道德和负责任的行为；

- 认识到对未来财务进行规划的重要性，同时愿意牺牲目前的支出以带来长期效益；

- 认识到人因其价值观和财务状况不同而有不同的生活方式和期望；

- 认识到自己有能力通过寻找和评估相关信息、获取可靠建议，从而制定个人理财决策；

- 解释银行和其他存款机构［如房屋信贷互助会（building society）、信用机构］在为个人消费者和企业提供理财产品和服务方面的作用；

- 通过讲解志愿机构所发挥的作用，帮助社区在理财方面需要帮助的人；

- 认识到家庭、社区和社会的文化价值和习俗可以影响消费者的行为和财务决策。

第十学年

知识和理解

学生可以：

- 认识和解释管理个人财务的策略；

- 解释人们获得收入的不同方式，包括获得工资（wages）、薪金（salaries）、佣金（commissions）、自营收入和政府福利；

- 认识并解释用于扣费、交单的常见的术语及其类别；

- 解释可能对实现个人理财目标产生影响的各种因素；

- 讨论为什么有些商品和服务是由政府提供的，以及政府是如何投资的；

- 解释过度依赖信贷对未来产生的影响；

- 分析和解释影响消费者选择的各种因素；

- 讨论和比较不同的消费和理财建议；

- 确定消费和理财对个人、家庭和更广泛的社区的风险以及消除风险的方法。

能力

学生可以：

- 使用一系列的方法和工具记录"现实生活"情境中的财务状况；
- 创建简单的预算和财务记录，以在现阶段和未来实现特定的财务目标；
- 在重要的人生岔口确定相应的理财决策；
- 准确地完成一系列理财活动并解释其目的，包括网上交易；
- 讨论"好"的债务与"坏"的债务之间的差异，包括如何管理它们和它们的长期影响；
- 分析相关信息，在购买商品服务和进行选择时，做出明智的决策；
- 使用信息技术（IT）工具和合适的对比网站，全面地比较一系列的产品和服务的"价值"；
- 在"现实生活"情境中进行货币的转换；
- 评估商品和服务的各种支付方式：现金、借记卡、信用卡、贝宝、奥式支付宝、预付费选项、电话和网上银行转账；
- 解释安全可靠的利用网上银行进行交易和购物的程序；
- 识别并采取预防措施，防止身份盗窃并说明事发时该采取的措施；
- 解释解决有关商品和服务的消费纠纷所需的程序；
- 评估广告、其他营销手段及社交媒体对消费者购买商品和服务的影响。

责任感与进取心

学生可以：

- 研究和确定在特定情境中，消费选择对自己、家庭、更广泛的社区和环境的伦理和道德层面的意义；
- 探索在更广泛的社会和环境中，个人和集体消费决策所产生的经济代价；
- 在"现实生活"情境中，采取熟悉且自信的消费决策；
- 研究和探讨企业在广告活动中和向消费者提供商品和服务时的法律和道德权利与责任；
- 应用在班级和学校活动（如学生调查、慈善筹款、产品设计与开发、企业经营和特别活动）中学习的消费和理财知识与技能；
- 通过参加相关班级和学校活动练习各种商业行为；
- 练习实施在网络、数字消费和理财环境中的安全、有道德和负责任的行为；
- 认可财务决策没有正确答案这一观点，因为其取决于个人情况、喜好和价值观；
- 理解和解释承担债务时应负的责任，包括不支付债务的后果和法律责任；
- 解释经济活跃者融入更广泛的经济和社会的方式：创造收入并纳税、储蓄、消费、捐赠、投资；
- 解释银行和其他存款机构（如信用机构、房屋信贷互助会）在筹集存款、汇集储蓄和向个人和企业提供借贷方面的作用；
- 解释政府和社区志愿机构在帮助经济困难者和探索经济成本效益方面的作用；

- 意识到家庭和社会的文化价值观和习俗对消费者的行为和理财决策的影响。

英格兰理财教育学习框架

框架的发展史

在英格兰，国家课程由教育部设置。修订后的国家课程于 2013 年 9 月公布，并于 2014 年 9 月施行。

2014 年 9 月实施的英格兰新课程，要求中学在数学（通过金融数学）和公民（涵盖货币的功能和用途，个人理财的重要性，风险管理，收入和支出，信贷和债券，保险，储蓄和退休金，以及一系列其他的理财产品和服务）方面对学生进行理财教育。教育部还承担了非强制性的个人社会健康和经济教育课程的审查任务，明确了该课程中应涵盖包括经济福祉和理财能力在内的关键内容。

在小学，新课程要求数学课程涵盖理财教育，包括了解不同面额的硬币和纸币的价值，以及在实际情况下解决涉及金钱的简单数学问题。已经有很多小学进行了理财教育，这些课程参照个人社会健康和经济教育这一非强制性课程开展，旨在帮助学生学习金钱有不同来源且可以用于不同目的。

个人理财教育集团研发了新的理财教育学习框架，以在全国范围内适应近来的一些变化。[6] 值得注意的是，该理财教育学习框架也考虑到了英格兰会参与经合组织 2015 年国际学生评估项目的理财素养测试，并已覆盖国际学生评估项目理财素养框架的所有领域（OECD，2013）。

事实上，在课程修订前，英国政府就已树立了长期目标，以改善理财教育工作，让每个儿童都能接受学校的个人理财教育课程。2008 年 7 月，英格兰政府和金融服务管理局针对理财教育制订了一项联合行动计划，包括了一项支持学校个人理财教育的重要方案。

　　这一计划促成了 2008 年英格兰理财教育学习框架的研制。儿童、学校与家庭部（教育部的前身）制定了《课程中的理财能力指南：关键阶段 3 和 4》。这是对英格兰政府和金融服务管理局推动学校理财教育的一个响应。

　　虽然由于国家课程的变化该框架已不再适用，但它为决策者和教育工作者提供了借鉴。目前，英格兰新课程反映了学生应该学习的重点学科的基本知识，给教师更多的自主权，鼓励他们用自己的专业判断设计课程，进而满足学生的需求。

　　该理财教育学习框架最初由儿童、学校与家庭部于 2008 年公布（请参考下面的内容）。

理财教育的范围

- 知识和理解：使年轻人明确自己在现在和未来的生活中所要做出的理财决策和判断。

- 态度：使学生在做出理财决策前树立承担资金管理的个人责任、质疑一些理财产品的宣传以及对可获取的信息进行评估等方面的正确态度。

- 技能：使学生具备进行日常资金管理和未来资金规划所需的理财技能，如制定每周的家庭预算、监测银行账户和信用卡、检查储蓄和投资是否达到理财目标。

预期学习成果 / 标准

　　上述每个理财素养要素均有相应的预期学习成果的描述。预期学习成果主要包括理解、技能（学生能做什么）和态度三个方面。

　　以下是关键阶段 3 的预期学习成果。

学生将了解：

- 怎样计算工资、薪金；
- 开始独立生活时，人们所能得到的不同类型的津贴和福利；
- 商品和服务的不同支付方式，以及不同形式的信用卡或借记卡；
- 如何安排度假资金，以及如何通过汇率进行相关计算；
- 如何选择、建立和使用不同形式的银行账户；
- 风险既可以是积极的又可以是消极的，以及哪些基本的财务决策包含风险；
- 如何计算个人利率，及其如何根据风险水平和交押长短波动；
- 理财决策在更多情况下是依据环境做出的个人选择，没有正确答案；
- 何时需要保险；
- 股市怎样运作，包括与其相关的正面和负面风险；
- 商业活动在创造财富时的作用，以及它是如何发生的；
- 如何支付本地服务；
- 税收的主要形式；
- 慈善机构和相关的选择；
- 金融市场动荡所产生的影响。

学生将能够：

- 估算和计算不同职业和情况下的实际工资；
- 制定当前的周消费预算；
- 使用不同的方法记账；
- 在不同的情况下选择理财产品；
- 找到储蓄账户和其他理财产品的准确信息（减少风险）；
- 考虑重要的国家或国际事件对个人财产的影响；

- 查找和获得金钱方面的建议。

学生将探索对如下事项的态度：

- 不久的将来和以后的生活中的优先事项、需求、愿望；
- 无效利用资金与资源浪费；
- 赌博的相关问题以及如何避免这些问题；
- 与消费选择相关的环境和道德问题。

以下是关键阶段 4 的预期学习成果。

学生将了解：

- 怎样计算工资、薪金；
- 扣除税收、国民保险和养老费用对实际工资有何影响，它们能用来干什么；
- 信用和债务的影响（贷款、透支、抵押），以及随着时间积累应如何计算成本；
- 保险是如何运作的，以及有关青少年的保险的种类；
- 利率如何以及为什么会根据相关风险的程度（包括交押的长短）随时间而变化，以及这会对人产生怎样的影响；
- 担保和无担保贷款与购买协议之间的差异；
- 储蓄和投资产品之间的风险与收益的差异；
- 开始和运行一项商业活动所包含的风险和所需的理财技能；
- 私营金融机构通过向借款人收取比储户更高的利息以及出售其他理财服务来赚钱；

- 企业和其他组织如何获得资金；
- 外汇汇率如何以及为什么发生波动；
- 国家和地方政府财政支出的主要领域；
- 购买理财产品时所享有的权利和承担的责任。

学生将能够：

- 识别就业所需要的理财知识、态度和能力；
- 计算年轻人的收入和福利，包括教育维护津贴（Education Maintenance Allowance）及学生资助与贷款；
- 比较不同支付方式的优劣；
- 平衡收入和支出：制定每周和长期预算；
- 解释账单和个人财务报表，提取关键信息；
- 计算包括存款利率（AER）和贷款利率（APR）在内的复利；
- 查找、使用和评估来自互联网、理财产品、广告、理财顾问、市民咨询局的理财建议和信息；
- 通过对市场的了解制定出产品和服务的最佳交易方案；
- 理解并进行汇率的相关计算；
- 进行存借款相关的基本风险与回报评估（基于过去的数据量化风险）；
- 树立理财风险意识，并从错误理财决策中吸取教训。

学生将探索对如下事项的态度：

- 职业及其他个人生活的选择对财务状况的影响；
- 影响理财决策的社会、情感和文化因素；

- 以当前消费（如投资、缴纳养老金、进行继续教育和高等教育）
  换取长远利益；
- 与赌博相关的风险和回报；
- 地方、国家和全球决策对个人财务状况和生活的影响；
- 与公平交易、伦理交易、道德投资相关的个人支出。

涵盖的主题

该理财教育学习框架不提供主题列表。然而，个人社会健康和经济教育课程中包括了大部分理财素养的内容，这些内容分布在经济福祉和理财素养板块中。其中理财素养包括以下关键概念。

职业：

- 理解每个人都有一个"职业"（而这将影响到个人的财务状况）。

能力：

- 探索什么是创业；
- 学习如何管理金钱和进行个人理财；
- 成为对商品和服务有批判意识的消费者。

风险：

- 从正反两方面理解风险；
- 在理财和职业选择的过程中了解管理风险的必要性；
- 承担风险，从错误中学习。

对经济的理解：

- 了解经济和商业环境；
- 了解货币的功能和使用方法。

范围和内容（主题）：

- 个人预算、工资、税收、资金管理、信贷、债务以及不同的理财产品和服务；
- 风险和回报，以及如何通过储蓄赚钱；
- 投资和贸易；
- 商业活动使用资金的方式及原因；
- 关于使用金钱的社会和道德困境。

该理财教育学习框架还包括理财素养课程的关键程序。

探索：

- 识别、选择和使用各种信息源来研究、澄清和审查在职业和与自己的需求相关的金融环境中所需做出的选择。

进取心：

- 评估、承担和管理风险；
- 展示和实践对经济思想的理解。

理财素养：

- 管理自己的资金；
- 了解理财风险和回报；
- 解释理财条款和产品；
- 确定如何使用资金以使其在生活中发挥重要作用并实现自己的愿望。

课程：

- 进行案例研究、情景模拟、角色扮演和戏剧表演；
- 与商界人士进行直接和间接接触；
- 进行有关商业活动的构想、挑战和实践；
- 建立经济福祉和理财素养与其他学科之间的联系。

日本理财教育学习框架（参见附录 3.2）

框架的发展史

日本中央金融服务信息委员会在日本理财教育学习框架的发展中起领导作用。中央金融服务信息委员会由金融机构和经济协会、广播公司协会、消费者组织的代表，以及教育、消费者教育和金融领域的教授组成。中央金融服务信息委员会由日本银行和中央金融服务信息委员会的其他成员资助。

2006 年，日本对 1947 年的基础教育法进行了全面修订，以此为契机，中央金融服务信息委员会组织学者，教育、文化、体育、科技部的高级官员，国家教育政策研究所的研究者，以及中小学校长国家协会的代表共同制订了一个理财教育计划。由此产生的文件——《理财教育项目：如何培养社会生存能力》（Financial Education Program-How to Cultivate the

Ability to Live in the Society）于 2007 年由中央金融服务信息委员会公布。

在日本的中小学，理财教育在社会学、公民教育和家政中作为一个跨学科课程进行教授。

预期学习成果 / 标准

主题：生活理财规划和家庭支出管理

目标

基金管理能力和决策能力的培养：

- 理解资源是有限的；
- 理解在有限预算下构建美好生活的意义，并用端正的态度进行实践；
- 了解做出决策的基础并用端正的态度进行实践。

了解储蓄的价值、掌握资产管理的技能：

- 了解储蓄的意义并养成储蓄习惯；
- 理解获得利息多少和储蓄时间长短的关系，并认识到耐心的重要性；
- 了解各种理财产品的风险和收益，并树立负责任的投资态度。

了解人生规划的重要性，并获得相关技能：

- 理解人生规划的必要性并能制订计划；
- 获得必要的知识以规划人生；
- 抓住机会切实进行人生规划和职业选择。

主题：经济和金融体系的运行机制

目标

理解金融的功能：

- 了解货币的作用和功能；
- 了解金融机构和中央银行的职能与作用；
- 理解利率的功能。

了解经济运行机制：

- 了解家庭、企业和政府的作用以及货物和金钱的流通方式；
- 学习市场的功能，了解市场经济的重要意义；
- 了解产业发展与海外经济之间的关系。

理解经济的波动和制定经济政策的必要性：

- 理解经济波动、价格、利率和股票价格之间的关系；
- 理解中央银行货币政策和政府经济政策；
- 理解经济波动和经济政策如何影响人的生活。

了解经济中的各种问题和政府在其中的作用：

- 关注经济发展广泛面临的问题；
- 端正态度进行理性思考并主动寻求解决问题的办法；

- 理解政府的作用。

主题：认识消费者的权益和所面临的风险，防范金融问题

目标

获得独立制定恰当决策的基本技能，以创造美好生活：

- 开始认知到消费者的权利和义务；
- 树立作为一个自力更生的消费者的态度；
- 掌握获取信息的能力，准确地利用它。

预防有关金融交易和多重债务的消费问题：

- 了解财政困难和多重债务问题的实际情况，端正态度并有效避免相关债务问题；
- 学习使用法律和社会制度手段解决问题。

成为明智的消费者：

- 了解控制自己的欲望的意义并在日常生活中付诸实践；
- 端正态度去思考更好的赚钱方法。

主题：职业教育

目标

理解工作的意义和职业的选择：

- 了解工作的意义和金钱的价值；
- 端正态度思考自己的职业选择；
- 了解工作者的权利和义务。

具有生存意愿并保持活力：

- 了解创造生产附加值需要的各种努力；
- 理解创造附加值是发展经济和社会的动力；
- 有梦想，并朝着梦想努力。

感恩社会并愿意促进其改善：

- 理解人与社会的关系，培养规则意识，感恩他人；
- 养成思考如何为社会做贡献并进行实践的态度。

马来西亚的理财教育学习框架

框架的发展史

马来西亚国家银行与教育部合作，提议把理财教育引进新的 2014 年小学课程和 2017 年中学课程中（2013 年 9 月）。根据这项提议，理财教育将被纳入马来文（作为独立的主题）、数学（作为独立的主题）、英语、工商和经济学课程中。

目前实行的框架是马来西亚国家银行、教育部和参与学校援助计划的金融部门合作于 2006 年制定的，该框架对在跨学科活动中开展理财教育起到了引领作用。

马来西亚学校援助计划于 1997 年推出，主要为学生讲解储蓄管理和理财之道，并于 2001 年把重点转移到理财教育上。

预期学习成果 / 标准

该框架为理财教育的三个层面提供了预期学习成果的描述。

理财知识和理解

学生应该能够理解：

- 社会中金钱的性质和作用；
- 收入的来源；
- 消费、储蓄和投资；
- 债权债务；
- 理财服务或产品以及咨询服务；
- 消费者的权利、责任和所受到的保护；
- 广告、信息与通信技术对理财的影响。

金融技能和能力

学生应该能够：

- 记录理财信息；

- 分析理财信息；
- 评估货币价值；
- 制定和使用预算；
- 做出明智的财务决策。

经济责任

学生应该能够：

- 逐步提高有关自我决策的责任意识；
- 分析财务决策对家庭和社区的潜在影响；
- 评估潜在的风险和回报。

涵盖的主题和目标

小学生（7—12 岁）

货币和收入：

- 识别和计算马来西亚的纸币和硬币；
- 认识邻国使用的货币；
- 了解收入来源（赚得和未得）；
- 了解工作类型和收入之间的关系。

资金管理：

- 认识到钱是有限的资源；

- 理财以满足自己的未来愿望和需要；
- 进行不同事项优先级排序，例如，区分需求和欲望；
- 节约资金和其他资源（如电力）。

支出和债务：

- 进行简单的计划和预算；
- 认识到向朋友借钱是一个坏习惯；
- 认识到广告中的宣传可能会产生误导。

储蓄和投资：

- 认识到节能的效益；
- 认识到钱是如何通过复利增长的；
- 认识到储蓄和投资之间的差异。

中学生（13—17岁）

货币和收入：

- 了解收入的各种来源，如投资、获得储蓄利息或租金回报；
- 了解收入、职业选择和教育需求之间的关系；
- 了解通胀对购买商品和服务的影响。

资金管理：

- 制定短期和中期的财务目标；
- 制定财务决策过程；
- 设计个人理财计划。

支出和债务：

- 知道机会成本发生在每一个消费决策中；
- 比较商品和服务的价值，以获得最佳的经济效益；
- 了解人们购买商品和服务的多种支付方式；
- 了解各类消费信贷的成本；
- 计算利息给借贷成本带来的影响；
- 在消费者保护法的基础上描述买卖方各自的权利和责任。

储蓄和投资：

- 为不同的财务目标而购置适当的理财产品，如银行存款和股票；
- 比较投资替代品的风险、收益和流动性；
- 了解影响投资回报率的各种因素；
- 基于时间长短、回报率和复利的利率，计算收益；
- 了解钱是如何通过复利增长的。

风险管理：

- 了解风险管理战略；

- 了解保险是一种转移风险的手段；

- 了解保险的种类；

- 识别和避免金融诈骗和身份盗窃。

教师专业发展

马来西亚国家银行和教育部与参与学校援助计划的金融机构合作，每年举办讲习班，培训教师为学生提供有效的理财教育活动，并以此为教师专业发展计划的一部分。

教师学习资源

在开展理财教育的过程中，教师和金融机构以课程计划为引导。理财教育课程计划由教师基于理财教育学习框架所提供的预期学习成果和主题开发得出。

荷兰理财教育的学习框架（参见附录 3.3）

框架的发展史

2006 年，来自荷兰金融业，政府，科学、公共信息和消费者组织的近 40 名伙伴针对理财教育达成了一项协议，即货币指南（Money-Wise Guide，CentiQ）。该协议的合作伙伴包括财政部、社会事务与就业部、荷兰金融市场局（AFM）、政府雇员养老基金会（ABP）、国家家庭理财信息部（Nibud）、富通基金会（Fortis Foundation）、消费者协会以及荷兰教育课程发展组织（SLO）。该协议的活动时间表于 2008 年确定，共有五年执行期（2009—2013 年）（CentiQ，2008）。2008 年，在财政部的引导下，荷兰当局开始实施理财教育的国家战略——智慧理财平台（Money Wise Platform）。

国家家庭理财信息部于 2008 年开发了第一套荷兰理财教育学习框架（Nibud，2009），列出了儿童和青少年与金钱打交道时所需的能力和学习目标。2012 年国家家庭理财信息部决定更新该框架，以反映研究中新的见解和实施过程中所获得的经验，从而更紧密地与国际学生评估项目理财素养框架界定的理财素养相结合（OECD，2013）。

这些框架涵盖了所有的理财教育活动主题和与荷兰学校相关的教育材料。2013 年发布的版本在国家家庭理财信息部与经济事务部协商荷兰理财教育和学校创业项目的发展上起到了促进作用，并且由财政部提供，作为出版社和相关作者起草理财教育教材和组织相关材料的框架。

能力和最终目标

国家家庭理财信息部理财教育学习框架所提出的学习目标和能力强调当今世界学习理财对儿童和青少年越来越重要，对于确保其顺利过渡到独立个体也非常重要，同时还能避免金融问题以及确保社会人员参与金融活动（Nibud，2013）。国家家庭理财信息部认为，学习如何理财应该是教育的主要目标之一，因此其将理财教育与荷兰一些重点学科（算术与数学，人文与社会，经济，职业与实践发现，职业与公民意识学习）的学习目标建立了特殊的联系。

该框架把学生分成了四个年龄段：小学低年级（6—8 岁），小学高年级（9—11 岁），初中（12—14 岁）和高中 / 中等职业学校（15—17 岁）。相关学习目标的描述体现了不同年龄段学生的能力，但不对学生的实际行为进行具体限定。

该框架确定了五个主题：三个核心竞争力主题（计划，负责任地支出，预测）和两个支持能力主题（应对理财风险，有足够的知识）。该框架的最终目标，即青少年 18 岁的时候应该掌握的各个能力（按主题划分）设置如下。按年龄与主题划分的学习目标详细框架见附录 3.3。

主题 1：计划

青少年能够了解理财，知道他们的现实处境，可以很容易地找到相关信息。这使他们能够履行付款义务，了解如何保持自己的收支平衡。

主要话题：

- 保持账单的合理性；
- 执行交易；
- 自己赚钱；
- 保持收支平衡。

主题 2：负责任地支出

青少年能够理性消费从而在短期内达到收支平衡。青少年拥有符合他们的个人喜好及负担程度的购买行为。

主要话题：

- 做出选择；
- 抵制诱惑；
- 评估性价比。

主题 3：预测

青少年能够明白愿望和现实情况能对中期和长期的财务状况产生影响，他们能够在存钱、借钱和获得保险的机会时考虑这种影响。

主要话题：

- 财务规划；
- 储蓄；
- 处理贷款；
- 获得保险。

主题 4：应对理财风险

青少年能够意识到与环境、事件和理财产品相关的财务风险。在考虑到他们的支付能力的基础上，他们会在权衡自己的个人情况、喜好和相关风险后做出选择。

主要话题：

- 评估事件和环境的金融后果和风险；
- 评估理财产品的风险和收益。

主题 5：具有足够的知识（了解金融格局）

青少年能够具有足够的与金融相关的知识，以在短期、中期和长期内平衡他们的收支。

主要话题：

- 知道金钱的价值；
- 具有理财概念的知识及其他相关知识；
- 了解自己作为消费者和员工的权利和义务；
- 能够获得关于金钱问题的建议和帮助。

新西兰的理财教育学习框架（参见附录 3.4）

框架的发展史

新西兰学校里的理财教育是理财素养国家战略的一部分（由新西兰理财素养与退休收入委员会实施）。新西兰的理财教育学习框架草案由该委员会开发，促进与发展学校理财教育的责任随后于 2009 年 7 月转移给教育部。[7]

预期学习成果 / 标准

新西兰的理财教育学习框架最初由新西兰理财素养与退休收入委员会开发，并提供了"可能的学习进程"这一内容[8]，具体体现为一至五级课程在以下两个方面的预期学习成果：

- 管理资金和收入；
- 设定目标和规划未来。

修订版和最新版的框架详见附录 3.4。

涵盖的主题和目标

该框架主要涵盖以下两个方面的主题。
理财和收入：

- 金钱；
- 收入；
- 储蓄；

- 支出和预算；
- 信贷。

设定目标和规划未来：

- 设定财务目标；
- 识别和管理风险。

英国北爱尔兰理财教育学习框架

框架的发展史

2007 年，英国政府设定了提升儿童理财素养的长期目标，即让每一个儿童都能参与到学校有计划、连续的理财教育课程中。2008 年 7 月，英国政府和金融服务管理局针对理财素养制订了一个联合行动计划，其中包括一个支持学校个人理财教育的重要项目。

北爱尔兰理财教育学习框架可以从一个专门的网站上获得：2007 年开发的"北爱尔兰理财能力课程"（Northern Ireland Curriculum Financial Capability）网站[9]。该网站由北爱尔兰的官方机构课程考试与评估委员会负责。

预期学习成果 / 标准

理财知识和理解

学生将：

- 能够获得处理日常财务问题所需要的技能；
- 能够做出有关个人财务的明智决策和选择。

财务技能和能力

学生将：

- 能够自信地认识和处理问题；
- 能够有效且高效地管理财务。

财务责任

学生将：

- 明白金融决策和行为都与价值判断（社会、道德、审美、文化、环境与经济）挂钩，因此具有社会和道德层面的意义。

涵盖的主题和学习目标

北爱尔兰的理财教育学习框架描述了每个关键阶段涵盖的主题学习目标。这些内容主要以两种方式呈现。第一种是对学生每个阶段学习到的内容的描述，如下。

基础阶段：开始了解并管理自己的金钱

在基础阶段，学生谈论购买商品（用货币换商品）的必要性。他们了解不同的支付方式（现金、支票、信用卡、借记卡）。他们在各种情境和角色扮演活动中谈论和认识硬币（从 1 便士到 2 英镑），熟悉硬币的日常使用。他们谈论钱从何而来，如何得到它，以及如何保证它的安全。学生探索该怎么花自己的钱，以及花钱时的感受。他们讨论富余的钱不足以满足他们的需求时该怎么办。

关键阶段 1：奠定未来的理财基础

在这个阶段，学生在自己生活的背景下了解金钱并选择消费和储蓄，包括解决有关金钱的计算问题。他们知道这些钱来自不同的地方，并且可以用于不同的目的。他们认识到管理金钱的重要性以及消费时人们会做出不同的选择。他们了解日常使用金钱的社会和道德问题。

关键阶段 2：学习理财和理性消费

在这个阶段，学生学习做出简单的财务决策并考虑如何消费，如怎样花零花钱以及向慈善机构捐款。他们认识到自己的决定可以对个人、社会和环境产生一定的影响。他们探索收入、支出和预算的概念。通过学习如何管理金钱，他们开始明白，财务状况和生活水平可以随时间和地点的不同而有所不同。他们探索人们关于金钱的不同的价值观和态度。

关键阶段 3：什么影响了你的消费

在这个阶段，学生需要了解是什么在影响他们的消费或储蓄以及如何在各种情况（包括那些超出自己直接经验的情况）下管理个人的财务。他们了解地方和中央政府如何获得资助。他们了解保险和财务风险以及如何为了健康生活做出更安全的选择。他们了解相关的社会和道德困境，以及他们在作为消费者使用金钱时的选择如何影响其他人的经济状况和环境。他们学会解决涉及金钱的复杂计算问题，包括计算百分比、比率和比例。

关键阶段 4：了解理财的重要性

在这个阶段，学生学习进行财务决策、资金管理并使用各种理财工具和服务，包括预算、储蓄来管理个人财务。他们学习对不同的提供理财帮助和建议的渠道进行评估。他们学习经济活动是如何发挥作用的，以及消费者、雇主和员工的权利与责任。他们了解储蓄和投资的不同风险和回报。他们了解个人财务决策所带来的更广泛的对社会、道德、伦理和环境的影响。他们继续学习解决涉及金钱的复杂的计算问题，包括计算百分比、比率和比例。

此外（第二种方式），每个关键阶段都有相应的理财素养课程详述，其中包括每个方面所涵盖的主题。例如，基础阶段和关键阶段的主题如下。

金融知识和理解：

- 钱是什么以及钱的交换；
- 钱从何而来；
- 钱去向何处。

理财能力：

- 管理钱；
- 消费和预算；
- 财务记录和信息；
- 风险和回报。

财务责任：

- 个人生活的选择；
- 消费者的权利和责任；
- 理财的影响。

英国苏格兰理财教育学习框架

框架的发展史

1998 年 7 月，苏格兰课程咨询委员会（CCC）在苏格兰皇家银行的支持下开展了一个项目，以探讨学校理财教育的发展方式。该项目有两个任务：开发框架来协助反思学校理财教育；为学校管理人员和教师提供指导和辅助材料，以协助他们发展学校理财教育。

《苏格兰中小学理财教育地位的声明》（Financial Education in Scottish Schools: A Statement of Position）（1999 年）[10] 是上述第一个任务的结晶。它是在 1988 年期间的一份讨论文件的基础上形成的，该文件是由苏格兰课程咨询委员会授权咨询小组发出的有关个人理财教育的简洁且连贯的声明。咨询小组的成果经理事会批准作为磋商的基础，并作为协商文件发表。《苏格兰中小学理财教育地位的声明》基本上是上述咨询小组的想法的重申。

从那时起，理财教育已成为苏格兰课程内的跨学科教学主题（所有学校均需要实施）。理财教育是苏格兰终身学习战略的组成部分，旨在确保每一个年轻人都能获得生活、学习和工作所需的知识和技能。

苏格兰政府联合苏格兰教育部和苏格兰学历管理委员会（SQA）开发了"卓越课程项目"[11]，旨在促进学生技能的发展。苏格兰教育部认识到了理财素养对全体年轻人的重要性（Learning Teaching Scotland，2010）。这些部门认为理财素养具有四个方面——理财理解、理财能力、理财责任和理财行动，这些还涉及跨学科的计算能力。该项目从 2002 年开始启动，

2010 年正式实施，一直持续到 2016 年。

预期学习成果 / 标准

苏格兰理财教育学习框架在理财素养的每个层面均给出了有关预期学习成果的描述。这些描述是对年轻人所应达到的能力的说明。预期学习成果并不限于特定的阶段。

与理财理解相关的预期学习成果

随着学习经验的积累，年轻人应该能够理解：

- 钱（包括国外货币）的本质和作用；
- 收入的来源；
- 税收，消费，储蓄与投资，信贷与债务；
- 理财服务、理财产品和咨询服务；
- 消费者的权利、责任和所受到的保护；
- 广告、信息与通信技术以及媒体的影响。

与理财能力相关的预期学习成果

随着学习经验的积累，年轻人应该能够：

- 记录财务情况；
- 分析理财信息；
- 评估资金价值；
- 准备和使用预算；
- 做出明智的理财决策。

与理财责任相关的预期学习成果

随着学习经验的积累，年轻人应该能够：

- 对与自己相关的决策承担更多的责任；
- 在本地和全球化视野下，分析社会和环境中他人做出的理财决策的潜在影响；
- 在本地和全球化视野下，分析自己的理财决策对他人和环境可能产生的影响。

与理财行动相关的预期学习成果

随着学习经验的积累，年轻人应该能够：

- 评估潜在风险及回报；
- 以创新和自信的方式使用资金和其他资源；
- 创造性地在各种场合应用理财知识和技能。

涵盖的主题和学习目标

苏格兰理财教育学习框架没有对理财教育主题的描述。该框架主要描述与理财素养相关的预期学习成果，以及在针对5—18岁儿童和青少年的现行课程中融入理财教育的方式。

框架中有一部分在特定学科进行理财教育的例子，但是这些例子都不够具体且主题不够鲜明。

南非理财教育学习框架

框架的发展史

南非政府通过基础教育部将理财素养整合到《国家课程声明》及《课

程评估和政策声明》涉及的学习领域和科目中。《国家课程声明》和《课程评估和政策声明》将南非每学期的课程在学习领域和科目以及年级和内容量上进行结构优化。南非虽然没有关于理财素养的单独框架，但特定学科的学习主题中蕴藏了理财素养的内容。理财素养被整合进的学习领域和科目有：经济和管理学、会计、商业和经济学、数学素养和消费者研究。

南非金融服务理事会的消费者教育战略包括两个项目：社区教育和正规教育。正规教育旨在促进理财教育与正规教育进行融合。该项目由南非金融服务理事会与基础教育部和省级教育部门协商进行。

学习目标

上述学科的理财教育学习目标反映在它们在所涉及课程中的权重和主题上，详见表 3.2、表 3.3、表 3.4。

表 3.2　经济和管理学中的理财教育（7—9 年级）

课程内所占权重	主题
经济（30%）	1. 金钱的历史 2. 需要和愿望 3. 商品和服务 4. 不平等和贫困 5. 生产过程 6. 政府 7. 国家预算 8. 生活标准 9. 市场 10. 经济系统 11. 循环流动 12. 价格理论 13. 工会

续表

课程内所占权重	主题
理财素养 （40%）	1. 储蓄 2. 预算 3. 收入和支出 4. 账户概念 5. 账户周期 6. 源文件 7. 财务管理和记录
创业（30%）	1. 创业技能和知识 2. 商业活动 3. 生产要素 4. 所有制形式 5. 经济部门 6. 管理水平和功能 7. 商业的功能 8. 商业计划

表 3.3　数学素养中的理财教育（10—12 年级）

课程内所占权重	主题
金融（35%）	1. 财务文件 2. 关税制度 3. 收入，支出，利润与亏损 4. 收入和支出报表，预算 5. 成本价和销售价 6. 盈亏平衡分析 7. 利息 8. 银行，贷款和银行投资 9. 通货膨胀 10. 税务 11. 汇率

表 3.4　会计中的理财教育（10—12 年级）

课程内所占权重	主题
财务会计 （50%—60%）	1. 会计概念 2. 一般公认会计原则（GAAP） 3. 记账 4. 会计等式 5. 最终账目和财务报表 6. 工资和薪金 7. 增值税 8. 对账
管理会计 （20%—25%）	1. 成本会计 2. 预算
管理资源 （20%—25%）	1. 本土记账系统 2. 固定资产 3. 库存 4. 伦理 5. 内部控制

声　明

南非《国家课程声明》涵盖以上提到的所有学习领域和学科，其最早版本为 1998 年推出的《课程 2005》（Curriculum 2005）。它于 2000 年修订，并于 2004 年被全面引入《国家课程声明》。2010 年基础教育部修订了《国家课程声明》。修改后的《国家课程声明》和《课程评估和政策声明》从 2012 年起分阶段进入学校，这一工作于 2014 年结束。南非金融服务理事会在 2002 年开始实施其消费者教育战略。

南非没有专门的机构负责在学校推广理财教育。南非金融服务理事会试图在与行业机构联合的过程中发挥协调作用。然而，金融领域的多数机构会实施自己的理财教育计划，这导致了许多重复的劳动。可以设想，按照全国消费者理财教育委员会在 2011 年的规划，这些不同机构所做的工作将变得更有条理，从而在很大程度上避免重复。

学生学习成就评估

正如《国家课程声明》对科目的规定一样，基础教育部对学生学习成就进行日常评估。评估并不针对理财素养，而针对每个学习领域和科目的学习成果进行。

涵盖的主题

每个学习领域和科目的理财教育主题所占比重如下：

- 经济和管理学：高达 100%；
- 数学素养：35%；
- 会计：25%；
- 商业和经济学：20%；
- 消费者研究：10%。

由于理财素养并不是作为一个独立的学科或学习领域而存在的（它融于日常的课程且不是一个附加部分），因此，它随时可能由于财务或其他原因被中止。

南非金融服务理事会的理财教育以以下主题为基础：

- 债务管理；
- 储蓄；
- 预算；
- 信贷；
- 诈骗警示；
- 保险；

- 退休；

- 投资；

- 追索权；

- 权利和责任。

覆盖的教育等级

学校的所有年级（1—12 年级）。

有效教学法

《国家课程声明》以结果导向的教育方法为基础，这是一种侧重于核实预期结果达成与否的方法。

教学资源

教师使用教育部门规定的教材和资源进行授课。除此之外，南非金融服务理事会还试图提供一个共同的框架，通过与金融服务部门合作开发三本手册，为理财教育提供相关资源。主题包括：

- 债务管理；

- 预算；

- 储蓄；

- 理财风险；

- 保险；

- 追索权；

- 消费者的权利和责任。

这些资源大多为印刷版资源，同时针对有信息与通信技术基础设施的学校提供 CD-ROM 格式的资源。提供理财教育的各金融机构也会开发自己的资源。这些资源包括：

- 三本小册子，分别是：《充分使用你的钱》（*Make the Most of Your Money*），《理性使用你的钱》（*Use Your Money Wisely*），《让你的钱为你服务》（*Make Your Money Work for You*）。这些小册子每册的呈现形式从第一册主要是图片逐渐过渡到第三册主要是文字，以适应不同人群的识字水平。
- 《管理你的钱》（*Managing Your Money*）：10—12 年级的数学素养教师在教学中使用的一本小册子和两张海报。
- 《行动中的金钱》（*Money in Action*）：一本小册子，配有供南非7—9 年级学生使用的海报。

教师专业发展

基础教育部负责教师的专业发展，这一活动定期在基础教育部内部完成。南非金融服务理事会通过举办工作坊将它的资源提供给教师，并教他们如何将资源有效运用到课堂上。

美国理财教育学习框架

框架的发展史

美国理财入门联盟 1998 年发布了《个人理财指南和基准》（Personal Finance Guidelines and Benchmarks），各教育、政府和金融服务组织也参与了开发。相关的国家标准随后于 2001 年和 2006 年进行更新，2007 年的第三版国家标准——《K–12 个人理财教育国家标准》（National Standards in K-12 Personal Financial Education）[12] 由一群金融和商业专业人士、教育者进行审查。

理财入门联盟是一个非营利性组织，由 180 个商业、金融和教育机构以及 47 个州级联盟组成，致力于提升青少年的理财素养。

预期学习成果 / 标准

国家标准提供了有关整体竞争力的说明，以让学生掌握各个层面的个人理财能力。除整体竞争力说明外，4 年级、8 年级和 12 年级的学生还能了解更详细的内容。

整体竞争力说明如下：

- 理财责任和决策：将可靠的信息和系统化的决策制定应用于个人财务决策中；
- 收入和职业生涯：利用职业生涯规划发展个人的收入潜力；
- 规划和管理资金：管理个人财务并使用预算管理现金流；
- 信贷和债务：维持信用，理性借贷，管理债务；
- 风险管理和保险，使用适当的和具有成本效益的风险管理策略；
- 储蓄和投资：实施与个人目标相兼容的多元化投资策略。

涵盖的主题和学习目标

美国的理财教育学习框架以标准的形式提供了各个层面个人理财教育的广泛主题。这些主题以整体标准的形式扩展到 4 年级、8 年级和 12 年级。以下是各个层面的整体标准。

理财责任和决策

标准 1：承担做出个人决策的责任。
标准 2：发现和评估各种来源的理财信息。

标准 3：总结主要的消费者保护法条目。

标准 4：通过系统地考虑替代方案和结果做出理财决策。

标准 5：制定沟通策略来讨论理财问题。

标准 6：掌控个人信息。

收入和职业生涯

标准 1：探索职业选择。

标准 2：确定个人的收入来源。

标准 3：描述影响实得工资的因素。

规划和资金管理

标准 1：制订消费和储蓄计划。

标准 2：开发一套系统以保持和使用财务记录。

标准 3：描述如何使用不同的支付方式。

标准 4：将消费技能应用于购买决策。

标准 5：考虑慈善捐赠。

标准 6：制订个人财务计划。

标准 7：思考制订遗嘱的目的和重要性。

信贷和债务

标准 1：确定各类信贷的成本和好处。

标准 2：解释记录信用的目的，明晰借款人的信用报告权利。

标准 3：描述避免或纠正债务问题的方式。

标准4：概括主要的消费信贷法条目。

风险管理和保险

标准1：确定常见的风险类型和风险管理的基本方法。

标准2：解释财产和责任保险的目的和重要性。

标准3：解释健康、伤残和生命保险的目的和重要性。

储蓄和投资

标准1：讨论储蓄如何促进金融福祉。

标准2：解释投资如何创造财富和促使财务目标的达成。

标准3：评估投资的替代品。

标准4：描述如何购买和出售投资产品。

标准5：解释税收如何影响投资回报率。

标准6：调查金融市场监管机构如何保护投资者。

注　释

1. 参见澳大利亚教育、就业、培训和青少年事务部长理事会的研究（Australian Ministerial Council on Education, Employment, Training and Youth Affairs, 2011）。

2. "大家庭"的毛利语。

3. 参见 http://www.mceecdya.edu.au/mceecdya/national_goals_for_schooling_working_group,24776.html。

4. 参见 http://www.acara.edu.au/curriculum/curriculum.html。

5．参见 http://www.mceecdya.edu.au/verve/_resources/National_Consumer_Financial_Literacy_Framework_FiNAL.pdf。

6．更多信息参见 http://www.pfeg.org/resources/details/secondaryplanning-framework-framework-11-16-yrs。

7．补充信息参见 http://www.nzcurriculum.tki.org.nz/。

8．参见新西兰教育部的研究（Ministry of Education of New Zealand，2009）。

9．参见 http://www.nicurriculum.org.uk/microsite/financial_capability/。

10．参见"教学苏格兰"的研究（Learning Teaching Scotland，1999）。

11．更多信息参见 http://www.educationscotland.gov.uk/thecurriculum/whatiscurriculumforexcellence/keydocs/index.asp。

12．参见理财入门联盟的研究（Jump$tart Coalition for Personal Financial Literacy，2007）。

参考文献

经合组织推荐

OECD (2005), Recommendation on Principles and Good Practices on Financial Education and Awareness. http://www.oecd.org/finance/financial-education/35108560.pdf.

经合组织、国际理财教育网络的工具及相关成果

INFE (2010a), Guide to Evaluating Financial Education Programmes. http://www.financial-education.org.

INFE (2010b), Detailed Guide to Evaluating Financial Education

Programmes. http://www.financial-education.org.

INFE (2011), High-level Principles for the Evaluation of Financial Education Programmes. http://www.financial-education.org.

OECD (2004), ISCED Mappings of Countries' National Programmes to ISCED Levels. In OECD, *OECD Handbook for Internationally Comparative Education Statistics: Concepts, Standards, Definitions and Classifications*: OECD Publishing. doi: 10.1787/9789264104112-8-en.

OECD (2013), Financial Literacy Framework. In OECD, *PISA 2012 Assessment and Analytical Framework: Mathematics, Reading, Science, Problem Solving and Financial Literacy*: OECD Publishing. doi: 10.1787/9789264190511-7-en.

其他参考文献

Australian Ministerial Council on Education, Employment, Training and Youth Affairs (2011), National Consumer and Financial Literacy Framework. http://www.mceecdya.edu.au/verve/_resources/National_Consumer_Financial_Literacy_Framework_FiNAL.pdf.

COREMEC, Comitê de Regulação e Fiscalização dos Mercados Financeiro, de Capitais, de Seguros, de Previdência e Capitalização (2009), Orientação para Educação Financeira nas Escolas, *Estratégia Nacional de Educação Financeira – Anexos*. http://www.vidaedinheiro.gov.br/Imagens/Plano%20Diretor%20ENEF%20-%20anexos.pdf.

Department for Children, Schools and Families (2008), Guidance on Financial Capability in the Curriculum: Key Stage 3 and 4. https://www.education.gov.uk/publications/standard/Educationstages/Page1/DCSF-00645-2008.

Jump$tart Coalition for Personal Financial Literacy (2007), National Standards in K-12 Personal Finance Education with Benchmarks, Knowledge Statements, and Glossary. http://www.jumpstart.org/assets/files/standard_book-ALL.pdf.

Learning Teaching Scotland (1999), Financial Education in Scottish Schools: A Statement of Position. http://www.ltscotland.org.uk/Images/financialedstatement_tcm4-121478.pdf.

Learning Teaching Scotland (2010), Financial Education: Developing Skills for Learning, Life and Work. http://www.educationscotland.gov.uk/Images/developing_skills_web_tcm4-639212.pdf.

Ministry of Education of New Zealand (2009), Financial Capability: Possible Progressions of Learning. http://nzcurriculum.tki.org.nz/Curriculumresources/Learning-and-teaching-resources/Financial-capability/FCprogressions#ahead.

Nibud (2009), Learning to Manage Money - Learning Goals and Competences for Children and Young People. http://www.nibud.nl/fileadmin/user_upload/Documenten/PDF/nibud_learning_goals_and_competences.pdf.

Nibud (2013), Nibud Learning Goals and Competences for Children and Adolescents. http://www.nibud.nl/fileadmin/user_upload/Documenten/PDF/2013/Learning_goals_and_competences_for_children_and_adolescents_eng_version_2013.pdf.

附录 3.1
部分国家或地区理财教育学习框架比较

附表 3.1.1　部分国家或地区理财教育学习框架的主要特点

国家 / 地区	政府是否认可	是否规定预期学习成果 / 标准	学段（年龄）	是否必修
澳大利亚	是	是	幼儿园到 10 年级	大部分非必修，但"货币和金融数学"是国家必修数学课程的一个核心部分；此外，国家计划将新的经济和金融课程设为 5—8 年级的必修课程
巴西	是	是	中学（实验课程）	非必修，只在部分学校作为实验课程开设
英格兰（2008 年版）	是	是	中学	非必修
日本	是	是	义务教育和高中阶段	非必修
马来西亚	是	是，但未全国统一	义务教育阶段	必修
荷兰	是	是	1—18 岁	非必修
新西兰	是	是	小学和中学，1—13 年级	非必修
北爱尔兰	是	是	幼儿园到 10 年级	必修
苏格兰	是	是，但未全国统一	中学	至 2008 年，理财教育已成为一个跨学科的主题教育内容，每所学校都需要开展
南非	是	是	7—12 年级	非必修
美国（理财入门联盟框架）	否，正接受政府审查	是	义务教育阶段	非必修

附表 3.1.2 部分国家或地区理财教育学习框架的
整合模式、结果评估与教学实践

国家／地区	综合学科还是独立学科	是否与国家课程有联系	是否包含有效教学法	是否包含评估与监测	是否包含教学资源	是否包含教师专业发展
澳大利亚	综合学科	是，与国家课程相联系	框架本身没有包含，但包含在精明投资理财教学资源内	澳大利亚教育研究委员会对精明投资教学项目的试验阶段进行评估（2012 年）	没有明确包含在框架内，但可登录 http://teaching.moneysmart.gov.au/ 获取	是，参见 http://teaching.moneysmart.gov.au/
巴西	综合学科	否	是，包括案例研究和"现实生活"情境，以及各种活动	是，包含成熟的对项目影响的评估	是，提供教材	是
英格兰（2008 年版）	明确包含在个人社会健康和经济教育课程中，并与其他课程相融合	是，与个人社会健康和经济教育、数学、公民教育及其他相关课程相联系	是，包括案例研究	是	是，提供链接	是
日本	综合学科	是，与社会学、家政、综合研究、品德教育、日语及算术等课程相联系	是，包括案例研究	是	是，提供资源	是
马来西亚	综合学科	主要与数学、生活技能、经济学、商学及其他相关课程相联系	是	不包含	是，提供链接	是，选拔相关教师参加理财教育年度工作坊，该工作坊由马来西亚国家银行、教育部以及参与学校援助计划的金融机构主办

续表

国家/地区	综合学科还是独立学科	是否与国家课程有联系	是否包含有效教学法	是否包含评估与监测	是否包含教学资源	是否包含教师专业发展
荷兰	综合学科	是，提供一个起点	是	是	是	计划中
新西兰	综合学科（跨学科）	是，与读写、计算及其他相关课程相联系	是，包括案例研究	不包含	是，提供链接	是
北爱尔兰	综合学科	是，同数学与运算、个人发展与相互理解、生活与工作、艺术、英语及爱尔兰语、现代语言、环境与社会以及科学与技术等课程相联系	是，包括案例研究	不包含	是，提供链接	是
南非	综合学科（跨学科）	是，与经济和管理学、数学素养、会计、商业与经济学及消费者研究等课程相联系	是	是，教育部有规范的评估过程与步骤	是，提供链接	是
苏格兰	综合学科	是，与个人与社会发展、数学、英语、环境科学、社会科学与技术、现代语言、地理、现代研究、社会与职业技巧、商业管理、手工设计以及家政等课程相联系	是	不包含	不包含在框架内，但后续提供了教学资源	不包含在框架内，但后续提供了专业发展机会
美国（理财入门联盟框架）	视当地需求而定	否，视当地情况而定	不包含	不包含	是，提供链接	是

附表 3.1.3　部分国家或地区理财教育学习框架的关注重点

国家 / 地区	关注重点	定义或描述
澳大利亚	消费者和理财素养	"作为消费者且具有理财素养的个人，能够把知识、见解、技能、价值观应用于消费和理财实践，进而做出明智、有效的决策，从而对自己、家庭、社会及环境产生积极影响。"
巴西	理财素养	包括理财知识、理财理解、理财技能、理财行为以及社会意识。
英格兰（2008 年版）	理财能力	"理财能力是指管理个人财务的能力，也是能够成为有自信、会质疑、能知情的理财服务消费者的能力。"
日本	理财教育 / 金钱教育	理财教育是"一种使学生能够理解货币和金融的功能，加深对日常生活的思考，改善生活方式和提升对价值的感受能力，并自觉改善个人生活和对社会的态度"的教育。
马来西亚	理财素养	理财素养是"一种能够根据信息做出判断，对金钱的使用和管理做出有效决策，记录财务状况，提前进行规划，选择理财产品，并随时了解理财产品动向的能力"。
荷兰	理财能力	强化消费者在金融领域的地位；"理财能力包括拥有理财知识、理解金融现象、具备一定的理财技巧和能力、承担理财责任"。
新西兰	理财能力	"具备理财能力的人可以根据信息做出判断，并对金钱的使用和管理做出有效决策。"
北爱尔兰	理财能力	"理财能力不只包括能够认识货币或者计算金钱的数目。它更是一种必不可少的生活技能，能使人们更高效地做出选择，更具理财责任意识。"
苏格兰	理财能力	"具有理财能力意味着在经济力量发生深刻变化并对社会和人民生活整体上产生影响的情况下，个人懂得如何管理个人财务、理解金融现象、发展相关技能、培养价值观。但理财能力不仅限于此，它还包括当金融政策对人民生活和社会环境产生影响时，个人能够批判地思考理财问题，并综合运用相关知识和技能。"
南非	理财素养	理财素养能够使人们理解经济周期及可持续发展，获取创业知识，学会解决问题，读懂金融信息。
美国（理财入门联盟框架）	个人财务和理财素养	"具有个人财务和理财素养的个人在经济力量发生深刻变化并对社会和人民生活整体上产生影响的情况下，能够懂得如何管理个人财务、理解金融现象、发展相关技能、培养价值观。同时，具有个人财务和理财素养还意味着，当金融政策对人民生活和社会环境产生影响时，个人能够批判地思考理财问题，并综合运用相关知识和技能。"

附表 3.1.4　列入部分国家或地区理财教育学习框架的维度

国家 / 地区	知识与理解	技巧与能力	态度与价值观	责任感与进取心
澳大利亚	√	√	√	√
巴西	√	√	√	
英格兰（2008 年版）	√	√	√	
日本	√	√	√	√
马来西亚	√	√	√	
荷兰	√	√	√	√
新西兰	√	√	√	
北爱尔兰	√	√	√	
苏格兰	√	√	√	√
南非	√	√	√	√
美国（理财入门联盟框架）	√	√	√	

附录 3.2

日本：针对不同年龄（按年龄组划分）的理财教育 *

附表 3.2.1　日本不同年龄组的理财教育学习目标

学习目标	小学			初中	高中
	1、2 年级	3、4 年级	5、6 年级		
理财生活规划和家庭开支管理	• 学习货币的价值，并充分利用商品和货币。 • 能量入为出。	• 辨别需求和愿望的差异。 • 懂得资源的稀缺性。 • 有能力管理其年龄相称的一定数目的金钱。	• 能够按照计划购买物品，并考虑物品的不可或缺性。 • 学会选择商品，能够设计购买方案。 • 养成既能独立做决定又能理解朋友的想法的态度。	• 加深对家庭收支的认识和理解。 • 能够恰当地选择、购买和使用必要的商品和服务。 • 参与收支管理的实践（比如管理学校短途旅行的收支）。 • 了解人们使用金钱的方式，从而明白价值观的多样性。	• 明白对资金的长期管理很重要。 • 参与保持收支平衡的实践（比如在学校活动中进行实践）。 • 通过选择职业理解做决定的重要性。

编制预算

* 来源：中央金融服务信息委员会合理教育项目，2007 年，参见 http://www.shiruporuto.jp/e/consumer/pdf/financial_education.pdf。

续表

学习目标	小学			初中	高中
	1、2 年级	3、4 年级	5、6 年级		
理财，储蓄，投资，生活规划和家庭开支，使用理财产品管理	• 理解储蓄的重要性，养成储蓄的习惯。 • 理解所得利息和储蓄期限的关系，认识到耐心的重要性。 • 明白各种理财产品的风险和收益，养成对投资负责任的态度。	• 尝试储蓄零花钱以及新年红包。	• 明白储蓄的重要性，养成储蓄规划的习惯。 • 有耐心完成任务。	• 学会根据未来的开支需求进行储蓄规划。 • 学习银行账户的基本类型，明白不同类型存款的相应利率有所不同。 • 能够进行简单的利率计算。	• 理解股票和债券的概念。 • 思考投资的意义。 • 明白风险和收益之间的关系。 • 理解所得利息（以复合利率计算）和储蓄期限之间的关系。 • 成持续存款的态度。	• 理解银行存款、股票、债券、保险等不同理财产品的特点。 • 了解各种理财产品的风险和收益。 • 考虑投资结构的平衡，树立对自己所做决定负责的意识。 • 思考投资和投机的不同。

续表

学习目标	小学			初中	高中
	1、2年级	3、4年级	5、6年级		
理财 懂得规划日常生活规划和家庭开支管理 • 懂得规划日常生活的必要性，能对未来做出预测，并对自己的日常生活进行规划 • 获取必要的知识，指导自己制订日常生活计划。 • 联系生活规划和职业选择，实事求是地展望未来。掌握相关技能	• 在用零花钱进行消费的实践中领会事先规划的必要性。	• 记录使用零花钱的账目。	• 明白为了将来设计规划消费的重要性。	• 明白生活规划的必要性，并基于自己的价值观规划日常生活，思考如何进一步改善生活。 • 理解贷款的机制和作用。	• 制定日常生活规划，掌握自己的收支情况。 • 理解贷款的机制，思考还贷方式及其利率。 • 了解养老金和社保体系。 • 理解人们日常生活和经济政策、经济周期之间的关系。 • 联系生活规划和职业选择，实事求是地思考未来，展望未来的愿景之间的关系。
经济和金融机制 理解货币和金融机制的功能 • 理解货币的角色和功能。 • 理解金融机构扮演的角色和央行履行的职能。 • 理解利率的功能。	• 懂得购买产品和服务时必须付费。 • 能够辨认各种硬币和纸币。	• 明白可以当下存钱以供明日之需。 • 通过在银行和邮政所储蓄，了解各自的存款利率。	• 在日常生活中理解货币所扮演的角色。 • 了解银行的基本职能。	• 理解货币所扮演的角色。 • 了解金融机构的种类和职能。 • 理解银行的结算功能。 • 了解各种银行卡的类别、功能和机制。 • 理解利率差是如何确定的。	• 从理论层面掌握货币所扮演的角色。 • 理解支付功能的多样性。 • 理解直接和间接融资及其性。 • 理解利率的功能及其上下波动的原因，进一步了解央行的职能。 • 了解电子货币和区域货币。 • 理解金融自由化和个人日常生活的关系。

续表

学习目标	小学			初中	高中
	1、2年级	3、4年级	5、6年级		
经济和金融 理解经济运行机制 • 理解家庭、公司、政府在经济生活中扮演的角色，以及货币和商品是如何流通的。 • 理解市场的功能和市场经济的意义。 • 理解工业发展和海外经济之间的关系。	• 理解货币和商品是互相交换的关系。 • 知道商品是有价值的。	• 观察当地生产活动，理解货币和商品的流通方式。 • 理解商品价格是如何确定的。 • 理解公司的功能及其所扮演的角色。	• 理解家庭、公司、政府、银行之间商品和货币的流通过程。 • 理解为什么商品价格不是一成不变的。 • 理解公司如何通过借贷进行投资。 • 理解日本和其他国家之间商品和货币的流通关系。	• 理解家庭、公司、政府和其他金融机构、政府和其他国家之间商品和货币的流通过程。 • 理解市场经济的意义。 • 理解日元贬值、升值的意义及其对人们日常生活造成的影响。 • 理解公司的功能、角色和所承担的社会责任。 • 理解公司各种资金筹集的方式。	• 描述家庭、公司、金融机构、政府和其他国家之间商品、货币和人员的流通及其流动概况。 • 理解商品市场、金融市场、证券市场以及外汇市场的功能。 • 理解公司形成的原因及其社会功能。 • 理解经济全球化。

青少年理财教育：学校的角色
Financial Education for Youth: The Role of Schools

续表

学习目标	小学			初中	高中
	1、2 年级	3、4 年级	5、6 年级		
经济和金融机制 理解经济波动以及制定经济政策的必要性 • 理解经济波动、价格、利率以及股价之间的关系。 • 理解央行制定的货币政策以及政府出台的经济政策。 • 理解经济波动、经济政策和个人生活之间是如何相互影响的。	—	• 理解个人日常生活、地区生产活动和经济波动之间的关系。	• 理解经济波动是如何影响个人日常生活以及整个社会的。	• 理解经济波动的驱动因素。 • 理解经济波动和宏观经济指标之间的关系。 • 理解央行制定的货币政策。 • 理解政府刺激经济的一揽子政策。	• 梳理并理解经济波动的宏观机制。 • 了解央行制定货币政策要达到什么目标、会采用什么手段。 • 理解政府的一揽子政策刺激经济以及财政赤字。

续表

学习目标	小学			初中	高中
	1、2 年级	3、4 年级	5、6 年级		
理解经济和金融机制，经济生活中出现的各种问题以及政府所扮演的角色 • 关注经济生活面临的广泛的问题。 • 尽力以客观、理性的态度寻求解决问题的方法。 • 理解政府所扮演的角色。	• 知道人们使用公共设施需要付费。	• 了解支撑社会的各种公共活动及其所需的必要费用。	• 联系日常生活，关注各种社会问题。 • 理解不同类型的税收及其意义。	• 养成阅读报纸的习惯。 • 关注经济生活面临的广泛问题。 • 理解政府如何通过年度税收进行支援作用。	• 搜集并深入理解感兴趣问题的相关信息。 • 尽力以客观、理性的态度思考应该采取什么政策解决经济、社会问题。 • 思考如何有效利用资金。
掌握消费者的基本技能，以便独立自主地做出恰当的消费决定，以及财务困境以上富裕生活的规避风险 • 意识到消费者的权利和责任。 • 养成积极的态度，做独立自主的消费者。 • 掌握搜集信息的技能并准确利用信息。	• 留意有瑕疵的商品。	• 意识到作为一名消费者，应考虑交易费者的安全性以及消费行为对环境造成的影响。	• 能够利用信息改进所做的决定。 • 了解消费者中心的作用。	• 理解合同的基本知识。 • 阅读《消费者法案》(Consumer Act)，了解消费者的权利及义务的含义。 • 理解产品责任的含义。 • 成为一名能够考虑社会及环境问题的消费者。	• 理解合同的意义及其重要条款，理解自我责任的含义。 • 理解《消费者合同法案》(Consumer Contract Act)。 • 理解对个人信息的保护。 • 掌握搜集信息的技能，并利用这些信息指导消费生活。

续表

学习目标	小学			初中	高中
	1、2年级	3、4年级	5、6年级		
消费者的权利和风险以及财务困境的规避 防止金融交易的各种利益和风险以及财务困境给消费者带来的困扰 • 学习财务困境以及各种债务问题的真实案例，并注意避免这些问题。 • 掌握利用法律及社会体系处理困境的技能。	—	• 学会如何应对困境以及如何向相关机构咨询。	• 学习小学生卷入财务困境的真实案例。 • 不要向朋友借钱，也不要借钱给他们。	• 学习使用信用卡的重要条款。 • 学习通过网络及手机进行交易时出现问题，知道如何避免这些问题。 • 辨别欺诈和骗局，学习如何避免因此带来的损失。 • 能够计算利率，知道支付贷款利息构成的负担。 • 学习冷静机制。 • 知道遇到问题时可以求助哪些咨询机构。	• 学习处理困境的具体手段，掌握实践技能。 • 学习不同银行卡的作用、功能和重要条款。 • 了解债务人的负债情况，不要轻易向他人借钱。 • 认识利率和还贷之间的关系，明白利率的重要性。 • 知道有哪些咨询机构能够为债务人提供服务，学习如何向这些机构进行咨询。

续表

学习目标		小学			初中	高中
		1、2年级	3、4年级	5、6年级		
成为理智的消费者 消费者的权利和风险以及财务困境的规避	• 理解控制欲望的意义，并在日常生活中践行这种态度。 • 思考改进处理金钱的方式。	• 知道人不可能拥有自己想要的一切。 • 养成精打细算的习惯。	• 学习如何用金钱并付诸实践，从而明白生活中有节制极其重要。	• 知道与钱相关的麻烦会给家庭带来困扰。 • 知道使用金钱的方式因人而异。	• 知道有些人虽物质贫乏，但生活幸福；思考些人的价值观。 • 通过阅读传记和小说，思考前辈们的生活和金钱观。 • 思考金钱和社会上出现的事故以及犯罪事件之间的联系。	• 思考个人金钱观和理想社会之间的联系。
理解工作的意义及职业选择 职业生涯教育	• 理解工作的意义和金钱的价值。 • 主观上形成对待个人职业选择的态度。 • 理解劳动者的权利和义务。	• 意识到劳动者的伟大。 • 帮忙做家务。	• 参加诸如耕作等有教育意义的活动，体会劳动的辛苦以及金钱的价值。	• 理解劳动的重要性、体会金钱的来之不易。 • 理解人是通过劳动服务社会的。 • 分析自身的优势和劣势，培养对自己未来职业的兴趣。	• 理解工作和工资之间的关系。 • 通过职业体验体会工作状态，思考未来并搜集相关信息。 • 理解工作的意义及其对社会的作用。 • 思考做啃老族或兼职工作这两个选择。 • 理解劳动者的权利。	• 通过选择职业具体地思考自己想从事什么工作。 • 思考自己所选的职业以及该职业对于社会的意义。 • 理解人们一生所从事的职业，并且不同人收入取决于职业，并且不同人的收入是不同的。 • 形成履行劳动者义务的态度、理解劳动者的权利。

职业生涯教育	学习目标	小学			初中	高中
		1、2年级	3、4年级	5、6年级		
热爱生活，充满活力	• 明白要创造价值，就要付出各种努力。 • 明白创造价值是经济与社会发展的驱动力。 • 形成怀揣梦想并为之不懈努力的态度。	• 了解销售人员的营销技巧和不懈努力。	• 知道销售人员达到的目的以及为此采取的策略和行动。	• 理解当地社区的个人和企业怀有的梦想、做出的努力以及拥有的理念。	• 怀揣梦想和希望，知道如何实现梦想，并有为实现梦想而努力的信念。 • 参与模拟成立公司活动，理解公司管理的机制、策略和措施。	• 思考可以采取哪些切合实际的步骤和方法实现梦想，并为此做出努力。 • 有创业的意愿，认真思考创业需要具备哪些知识，需要制定什么样的具体方案。 • 知道有哪些方法可以提高公司管理的附加值。
对社会怀有感恩，愿意为改善社会做贡献	• 理解人处于一定的社会关系中，要遵守社会规则、对他人怀有感恩之心。 • 思考个人如何为改善社会做这些贡献，并将这些想法付诸行动。	• 意识到和朋友合作的重要性。 • 帮忙做家务，完成班级布置的任务，进而意识到自己能发挥什么作用。 • 意识到信守诺言的重要性。	• 形成对工作负责任的态度和一以贯之的信念。 • 对生活中帮助自己的人怀有感恩之心，并满怀尊敬。 • 意识到遵守规则的重要性。	• 理解合作的重要性。 • 通过参与公益活动（比如志愿活动等）意识到合作的意义。 • 有守法意识。	• 拓宽视野，认识到对自己生活提供帮助的各个方面（父母、社会、其他国家、自然环境等）并心怀感恩。 • 思考各种能为社会做贡献的活动（工作、志愿活动、捐赠等）并有意参与相关实践。 • 理解遵守法律法规和维持社会公共秩序的关系。	• 设想更好的社会状态，该是什么样的社会，思考如何实现这一愿景并积极参与相关实践。 • 联系个人的职业选择，思考企业应负的社会责任以及应为社会做出的贡献。 • 明白遵守法律和规则对市场经济的有效运作具有重要意义。

附录 3.3
荷兰: 学习目标 [*]

6—8 岁年龄段学习目标(小学低年级)

主题 1: 筹划

管理账目

- 不适用。

交易

- 能清点钱数并用钱进行交易。

- 能使用小额现金进行支付。

- 知道什么是零钱并能支配这些零钱。

- 知道不同的支付方式以及相关概念,如现金、从自动取款机中取钱、
  借记卡。

赚钱

- 知道人们通过工作赚钱。

记账

- 知道自己有多少钱。

---

* 来源: National Institute for Family Finance Information (Nibud), 2013。

主题 2：合理消费

选择

- 知道不是任何东西都是可出售的。

- 知道可以自己选择将钱花在什么地方。

- 自己可以选择如何使用零花钱或手头其他的钱。

- 明白钱花出去了就不再回来。

抵制诱惑

- 知道广告的存在。

- 知道广告有时会美化商品。

- 知道免费电子游戏里或许会植入广告。

对比商品和价格

- 知道有些商品比其他商品更物有所值。

- 知道商品价格各异。

主题 3：预先准备

理财

- 不适用。

储蓄

- 知道储蓄的概念，能说出储蓄的好处。

- 能有目的地进行短期储蓄。

贷款

- 不适用。

投保

- 不适用。

主题 4：处理财务风险

评估特定情况可能带来的财务风险

- 知道保证金钱安全的重要性。

评估理财产品可能带来的财务风险和收益

- 不适用。

主题 5：具备理财知识（了解财务状况）

知道货币的价值

- 可以识别各种欧元硬币和纸币。

- 可以根据票面价值将硬币和纸币排序。

- 知道同样的金额可以用不同的方式（使用不同的硬币和纸币）来
  支付。

- 知道物品有货币成本。

- 知道货币的功能和作用。

- 知道货币有价值，并能采取相应措施（比如把钱放在安全的地方，
  而不是随便乱放）。

具备财务概念和专题知识

- 能识别货币的相关标识，比如欧元标识（€）以及借记卡标识。

了解消费者和员工的权利与义务

- 不适用。

能获得理财方面的建议和帮助

- 不适用。

9—11 岁年龄段学习目标（小学高年级）

主题 1：筹划

管理账目

- 能够保管纸质或电子版的重要资料。
- 能识别哪些纸质或电子版的文件（证书、银行对账单、身份证等）
  比较重要。

交易

- 能够独立购买商品或服务。
- 购买时能计算出商家应找给自己多少钱。
- 知道如何安全地支付。
- 知道可以通过电话（短信或固话）支付。

赚钱

- 知道可以通过打零工赚钱买东西。
- 知道收入有高低，每个人收入都不同。

记账

- 记录自己的支出。

主题 2：合理消费

选择

- 能根据支付能力调整购买意愿。
- 明白钱花出去了就不再回来。
- 知道不同的偏好和优先次序会导致不同的选择。

抵制诱惑

- 知道广告的含义和作用。
- 能识别不同类型的广告，如在广播、电视、杂志、街道、商店、网站、应用软件、社交媒体以及电子游戏上的广告。

- 能解释商家做广告的原因。

- 明白商家使用社交媒体的方式和原因。

- 明白商家提供"免费"商品的最终目的是想要并必须赚钱。

- 明白商家除了通过销售实物之外，还通过其他方式赚钱。

- 明白消费者购买品牌商品时还要为品牌本身付费。

对比商品和价格

- 能根据价格高低排列商品。

- 购买前能够比较商品的价格。

- 能比较同等数量及单位商品的价格。

- 知道不同品牌的同种商品的价格有高有低。

- 明白商品的不同特征会影响购买的选择。

- 明白购买某些商品时，必须购买相应的附加商品。

主题 3：预先准备

理财

- 能计算出为购买某件心仪的商品需要储蓄多久。

储蓄

- 能为了某个目标较长期地进行储蓄。

贷款

- 知道借钱是怎么回事。

- 知道从银行借钱是怎么回事。

- 知道向别人借钱意味着什么。

投保

- 知道风险（损坏、被盗、失火等）的存在，及这些风险会带来经济损失。

主题 4：处理财务风险

评估特定情况可能带来的财务风险

- 知道即便某些商品是"免费"赠送的，也会带有财务风险。

评估理财产品可能带来的财务风险和收益

- 知道什么是利息。

主题 5：具备理财知识（了解财务状况）

知道货币的价值

- 知道商品的价格反映其价值。
- 知道货币的角色（地位和社会价值）。
- 能够评估货币和商品的价值。
- 能以不同的方式组合出相同的货币总额。

具备财务概念和专题知识

- 知道银行的功能。
- 知道定期存款和活期存款的区别。

了解消费者和员工的权利与义务

- 不适用。

能获得理财方面的建议和帮助

- 不适用。

12—14 岁年龄段学习目标（中学低年级）

主题 1：筹划

管理账目

- 能整齐有序地保管纸质或电子版的重要资料，如合同、保证书、银行对账单、收入报表，并能在需要时迅速找出。

- 保证网站登录数据以及登录页面的安全性。

- 保管好收据，以便保修或更换商品。

交易

- 能够按时付款。

- 能够安全使用借记卡。

- 使用借记卡时能意识到潜在的危险。

- 不向他人泄露个人识别码、登录数据以及密码。

- 知道如何确保网站和电子邮件安全可靠。

- 支付时能意识到各种潜在的危险，如网络欺诈、钱骡、伪造信用卡等。

- 知道什么是网上银行。

赚钱

- 知道如何要求退税。

记账

- 能核对自己的消费。

- 能弄清每月的消费金额以及钱花在了什么地方。

主题 2：合理消费

选择

- 知道支出带来的积极和消极后果。

- 知道必花之钱和可花之钱的区别。

- 知道哪些消费是必需的。

- 交易前能清楚自己的负担能力。

- 能量入为出。

- 明白社会环境会影响所做的选择，反之亦然。

抵制诱惑

- 能够识别广告、商业和社会带来的压力。

- 能意识到广告对自己消费行为的影响。

- 能意识到身边的朋友和同学对自己的消费行为产生的影响。

- 能够区分个人愿望、广告推荐和他人建议。

- 能够评估"特价"是否名副其实。

- 能基于自己的需求或既有购买意愿进行选择，而不是因为"特价"而去购买。

对比商品和价格

- 能对商品进行估价。

- 能比较不同商品（或不同款式的同种商品）的价格和质量。

- 购买前能（从实体店或网络）获取相应的商品信息。

- 知道和别处出售的类似的商品相比，某件商品的价格是高还是低。

- 能计算出一次交易的实际总成本，即购买价格加上其他相关产品的成本或花费。

主题 3：预先准备

理财

- 进行现金交易时，能考虑到日后可能出现的更大开销和自己是否有想要存钱购买的其他东西。

储蓄

- 知道储蓄的益处。

- 能够进行存期较长的储蓄。

- 明白攒钱购买某件商品需要一定的时间。

贷款

- 能够偿还所借的钱。

- 知道什么是负债。

- 知道借钱和负债的区别。

- 知道不同的借钱方式。

投保

- 知道保险的概念和作用。

主题 4：处理财务风险

评估特定情况可能带来的财务风险

- 知道（在实体店或网络）购买商品或服务时是有附加条款和条件的，这些条款或许会带来一定的经济风险。

- 知道"免费"商品所附带的经济风险。

评估理财产品可能带来的财务风险和收益

- 知道借钱给他人的风险。

- 明白没有能力还钱的后果。

主题 5：具备理财知识（了解财务状况）

知道货币的价值

- 知道产品价格是由各种成本构成的。

- 知道随着时间的推移，同等数量的金钱不一定能够买到同样的商品。

具备财务概念和专题知识

- 不适用。

了解消费者和员工的权利与义务

- 知道员工和雇主都要遵守一定的规则。

- 知道有针对年轻人的最低工资标准。

- 知道有记录（合法）的雇佣和无记录（非法）的雇佣有何不同。

- 知道什么是税收以及为何要交税。

能获得理财方面的建议和帮助

- 不适用。

15—17 岁年龄段学习目标（中学高年级）

主题 1：筹划

管理账目

- 能够独立、主动、有序地保管纸质或电子版的重要资料。
- 能够核查自己的银行存款余额。
- 能够核查交易是否正确。
- 能够留意商品描述条款。
- 在补助申请、纳税申报、交易支付时，能够利用好账户信息。

交易

- 能够管理好自己的银行业务。
- 能够按时支付账单。
- 能够安全使用网上银行。
- 能够辨识银行存款的异常。
- 使用借记卡和网上银行时，能够意识到潜在的风险。
- 在线购物时，能够检查网站是否可靠和安全。

赚钱

- 工作后能够要求退税。
- 知道影响工资水平的因素。
- 了解雇主支付的工资是否符合年轻人最低工资标准。
- 了解法定工作时间以及法律允许的工种。
- 了解相关用工条件，以便需要时能够充分利用这些条件。

记账

- 能够记录自己的收支情况。

- 能够列出自己的资产和债务。

- 能够计算出某时期内必须／能够承担的支出。

主题 2：合理消费

选择

- 能够履行付款义务。

- 在购买其他商品时，能够考虑自己的付款义务。

- 能列出消费的优先次序。

- 能根据自己的支付能力决定是否购买。

- 购买时能够考虑到其他可能产生的开销。

- 能够根据自己的支付能力调整购买行为。

- 如果手头缺钱（出于意外或其他原因），能够削减开支。

- 能够根据各种变化调整收入和支出。

抵制诱惑

- 能经受住广告宣传、他人影响（社会压力）及其他诱惑。

- 知道如何控制心血来潮的消费或轻易消费的倾向。

- 能看透"特价"。

对比商品和价格

- 在购买或订购商品时，能计算出固定成本和可变成本以及其他的额外成本（如管理费用或配送费用）。

- 在比较和订购商品时，能考虑到所有的固定成本、可变成本和额外成本。

- 在比较和购买商品时，能阅读并重视"小号字体"以及附属的条款和条件。

- 在选择或订购商品时，除考虑价格和质量外，能考虑到相关条款和条件、个人情况以及个人愿望。

- 有指导自己消费的一套标准。

主题 3：预先准备

理财

- 在进行当前消费时，能考虑到未来的开支。

- 能设定短期、中期、长期目标，并在消费时留意这些目标。

- 知道自己何时会有支出的起伏（月支出有高有低）和收入的变动
  （月收入有高有低），并在消费时考虑到这些因素。

储蓄

- 能存钱以备不时之需或者应对未来必要的开支。

- 能定期存钱。

贷款

- 借钱之前知道首先要确认能否按时偿还本息。

- 知道有不同的借钱方式以及这些方式的异同。

- 在决定借钱之前，能考虑其他可以采用的应急方式。

- 能说出有哪些不同类型的债务。

投保

- 知道保险的运作方式。

- 能说出不同的险种。

- 能根据个人情况，判断某种保险是必须的、有必要的、值得的还
  是可有可无的。

- 能基于个人情况和偏好，决定是否退出某种可有可无的保险。

主题 4：处理财务风险

评估特定情况可能带来的财务风险

- 知道人一生中会有很多变化（如独居、和伴侣一起生活、失业、

生儿育女或离婚）以及这些变化会影响个人的经济状况。

- 能够评估并重新考虑所订购的商品，并在必要时更改或终止订购。

评估理财产品可能带来的财务风险和收益

- 知道风险和收益是相互联系的。

- 能列举出一些增加资产的方式，知道它们在风险和收益方面有何
  不同。

- 知道在购买理财产品（储蓄计划、保险、贷款等）时，不仅要考
  虑成本和收益，还要考虑风险、合同期限以及条款和条件。

- 能够基于个人情况（经济状况或其他情况）和偏好，合理储蓄、
  购买保险或借钱。

- 知道透支、分期付款、获得贷款和持有信用卡可能带来的经济风
  险和其他风险。

主题 5：具备理财知识（了解财务状况）

知道货币的价值

- 了解通货膨胀的概念及其可能造成的影响。

- 知道独立生活会有固定生活成本。

- 能够计算上述成本。

- 能够实事求是地估测未来的收入。

具备财务概念和专题知识

- 知道 18 岁成年后所面临的经济责任和义务。

- 了解荷兰的学生资助体系。

- 了解学生贷款的运作模式。

- 知道 18 岁成年后所要面临的关于津贴、福利和保险的法律约束。

了解消费者和员工的权利与义务

- 知道教育和培训的价值与必要性。

- 知道受雇于人和自主创业的区别。

- 知道自主创业需要做出的经济安排。

能获得理财方面的建议和帮助

- 如果在理财问题上有疑问，知道前往哪些组织或机构进行咨询。

附录 3.4
新西兰：理财能力等级*

附表 3.4.1 新西兰理财教育学习成果

能力	主题	一级	二级	三级	四级	五级	六级	七级	八级
资金和收入的管理	资金	• 硬币和纸币的识别。 • 描述不同用途的钱（现金）的使用方式。 • 认识钱的价值。	• 在简单交易中使用硬币和纸币——给出和接受零钱。	• 使用硬币和纸币交易并计算正确的找零。	• 通过与其他国家货币的比较识别新西兰货币的价值。	• 将新西兰元换成其他货币形式（或反之）并举例说明何时有用。	• 就新西兰货币计算并解释汇率在个人计划在境外游时汇率变化将带来的影响。	• 就新西兰货币计算并解释汇率变化对新西兰经济，如进出口方面的影响。	• 就新西兰货币计算并解释汇率变化对全球化经济，如贸易和通货膨胀的影响。

---

* 本框架于 2014 年由新西兰教育部在网上发布。

续表

能力	主题	一级	二级	三级	四级	五级	六级	七级	八级
资金和收入的管理	资金		• 对于商品与服务的接受和支付的不同方式进行讨论，如使用现金、使用电子转账系统（EFTPOS）、以物易物。 • 对钱的用途进行讨论，例如用于等值的物品的交换。	• 对商品与服务的支付和接受的不同方式进行描述，例如使用销售点电子转账系统（EFTPOS）、借记卡。 • 对钱的用途进行描述，如购买商品和服务。	• 对商品与服务的支付和接受的不同方式进行比较，例如使用借记卡。	• 对商品与服务的支付和接受的不同方式进行比较，例如使用借记卡。	• 描述资金在个人与机构之间转移的不同方式，借助网上银行、借记卡、新出现的技术。	• 比较资金在个人和机构之间移的不同方式，如：借助网上银行、借记卡、新出现的技术。	• 比较和对比资金在个人和机构之间转移的不同方式，如：借助网上银行、借记卡、新出现的技术。

续表

能力	主题	一级	二级	三级	四级	五级	六级	七级	八级
资金和收入的管理	消费	• 调查人们需要在哪些方面进行消费，如食物、衣服和住所。 • 讨论人们为什么和怎样做出消费决定，例如购买午餐食材。	• 探索花一定数量的钱有多少种方法并认识到人们的消费是不同的，如在食物和衣服方面。 • 讨论购买家庭杂货时获得价值的概念。	• 讨论为什么不同的个体和大家庭会有不同的消费重点。 • 研究在消费时获得价值的不同方式，例如购买家庭用品时。	• 比较个人在生活不同阶段的消费选择和重点。 • 描述在消费时获得价值的不同方式，例如买衣服和化妆品。 • 描述影响人们做出经济方面选择的外部因素，如广告和同伴压力。	• 比较与年龄和经济状况有关的个人消费选择和重点。 • 比较不同的消费方式获得的不同价值。 • 描述影响人们做出经济方面选择的外部因素，如广告和同伴压力。	• 描述消费的不同方式，如：网上购物、分期付款购物、电话购物。 • 解释影响人们做出经济方面选择的外部因素，如广告和同伴压力。	• 描述与年龄和经济状况有关的做出明智消费选择的不同观点。 • 解释消费的不同方式，如：网上购物、分期付款购物、电话购物。 • 描述和解释通货膨胀对于消费的影响。	• 描述并解释与年龄和经济状况有关的做出明智消费选择的不同观点。 • 描述并解释外部因素，如通货膨胀、汇率和消费税对消费的影响。 • 描述与财富创造有关的不同的理财建议来源。

续表

能力	主题	一级	二级	三级	四级	五级	六级	七级	八级
资金和收入的管理	信贷和债务	对借款和还款的责任进行讨论。	列举用贷款的方式购买商品和服务的例子。	解释贷款和利息如何发挥作用。	描述从不同的金融机构进行贷款的费用。 解释"好"债务和"坏"债务的差异。	根据利息比较银行和其他金融机构。 解释对于个人而言信用价值意味着什么。	对于银行和其他金融机构要求支付的利息进行计算比较。 描述并解释信用价值和贷款之间收费的关系，如：贷款有无担保、信用等级。 对可管理的和不可管理的债务进行描述，如：贷款的使用、贷款的种类、利息的偿还、税。	说明银行或其他机构要求支付款项与借款数量、利率、时间和风险有关的利息。 为安排资金选择贷款种类，如：使用信用卡、个人贷款。 描述使用高等教育基金要承担的财务责任。	描述并解释银行或其他金融机构要求支付的与借款数量、利率、时间和风险有关的利息。 说明为个人进行财务管理，如购房所做的贷款。 为管理财务比较项选贷款并推荐策略。

续表

能力	主题	一级	二级	三级	四级	五级	六级	七级	八级
资金和收入的管理	信贷和债务					● 根据债务的可管理性和长期影响探讨"好"和"坏"债务的例子，如：贷款的目的、债务的使用、债务的提供者、债务的种类、债务的期限（长期和短期）。	● 在下列内容方面做出与年龄、收入、和经济状况有关的"好"和"坏"债务的判断，如：贷款的目的、债务的提供者的种类、债务的期限（长期和短期）、利率。	● 关于与年龄、收入及贷款目的相关的"好"的债务和"坏"债务，对在下面做出选择的后果加以描述：债务的提供者和种类、债务的期限（长期和短期）、利率等。	● 关于与年龄、收入及贷款目的相关的"好"的债务和"坏"债务，对在下列方面做出选择并加以描述并解释：债务的提供者和种类、债务的期限（长期和短期）、利率等。

续表

能力	主题	一级	二级	三级	四级	五级	六级	七级	八级
资金和收入的管理	储蓄和投资	• 讨论人们为什么要储蓄及如何储蓄。	• 明确储蓄的好处。	• 对通过储蓄获得有益回报的观念加以讨论。	• 研究和评价银行的作用。	• 根据风险、所付利息和取款的便利程度比较银行和其他储蓄机构。	• 计算和比较由银行及其他金融机构支付的复利。	• 描述并解释与投资数量、利率、时间和风险有关的由银行及其他金融机构支付的利息。	• 描述并解释与投资数量、利率、时间和风险有关的由银行及其他金融机构支付的利息。
			• 通过实践活动研究利润。	• 解释单利。	• 计算单利。	• 解释和计算复利。	• 描述年龄、收入和经济状况如何影响这样的财务决定。	• 描述并解释年龄、收入、经济状况如何影响财务决定，如：购买汽车。	• 描述并解释年龄、收入、经济状况如何影响财务决定，如：上大学、进行慈善捐赠。
				• 认识人们储蓄选择的不同。					

续表

能力	主题	一级	二级	三级	四级	五级	六级	七级	八级
资金和收入的管理	储蓄和投资				• 比较不同的个体、毛利大家庭、团体的储蓄选择和结果的差异。 • 研究不同的利率如何影响债权人和借款人。	• 研究年龄、收入、和经济状况如何影响财务决定。 研究作为储蓄方式的不同的投资产品，如：Kiwisaver（新西兰储蓄计划，新西兰的一种养老金计划）。	描述不同的个体、毛利大家庭、团体的储蓄和投资选择，如：Kiwisaver、定期存款、债券、房产和股票。	• 计算并比较投资的真实回报的通胀率。 • 描述并解释与年龄、收入和经济状况有关的投资选择，如：Kiwisaver、定期存款、债券、房产和股票。	• 计划一个长期的简单的个人投资组合，如：Kiwisaver、工资储蓄计划、房产和股票。

青少年理财教育：学校的角色
Financial Education for Youth: The Role of Schools

续表

能力	主题	一级	二级	三级	四级	五级	六级	七级	八级
资金和收入的管理	收入和税收	• 描述人们挣得或获取收入的方式。 • 讨论拥有的金钱数量如何影响消费选择。	• 确定定期的和不定期的收入来源，如：工资、礼物和奖金。	• 对收入的不同来源进行研究，如：股份、工资和薪金。	• 比较不同收入来源的区别，如：工资、红利和津贴。	• 研究支付工资或薪金的方式。 • 基于个人管理财务的目的做与收入有关的计算，如：每小时的支出、每周的支出、净支出、年度总支出。	• 解释用于个人财务管理目的的与收入有关的计算，如：工资单。 • 描述所处生活阶段对个人收入来源的影响，如：零花钱、工资、投资收入。 • 计算消费税。	• 做一个有根据的与个人有关的决定，解释其重要性，如进行继续教育、改变工作或职业、改变消费习惯消费重点。 • 解释不同阶段的重要事件对个人财务收入的影响，如：接受高等教育、离家。	• 解释增加个人收入的选择，如：二次收入、升职、薪酬增加、自然获得的收入。

续表

能力	主题	一级	二级	三级	四级	五级	六级	七级	八级
资金和收入的管理	收入和税收		● 讨论拥有的金钱的数量如何影响不同个体或毛利大家庭的消费选择。	● 研究拥有金钱的数量如何影响不同个体、毛利大家庭、团体和社会的消费选择。	● 解释收入如何为不同个体、毛利大家庭或团体的幸福做出贡献。	● 比较不同的税率。	● 描述不同的所得税、扣除方式及其对收入的影响,如:所得税、预扣税、工资税。	● 解释各种收入类型和收入手段,如:薪金、奖金、佣金、红利、利息。	● 解释生活不同阶段重要事件对个人财务收入的影响,如:购房、出国。
					● 讨论人们为什么要交所得税及其收取方式。	● 描述税收如何对社会福利做出贡献。	● 解释税收和其他需要扣除个人收入与有关的支出,如:Kiwisaver,学生贷款偿还。	● 描述并解释不同的税收在地方层面如何使用。	● 解释并描述国家对不同的税的使用,如何使用,如:国家预算。
								● 描述并解释个人税的问题,如:国际收收的问题,如:国际购物时的问题。	● 描述与解释与新西兰税收有关的一个问题。

续表

能力	主题	一级	二级	三级	四级	五级	六级	七级	八级
资金和收入的管理	预算和财务管理	举例说明需求和愿望分别是什么。	解释按照优先顺序排列的有关需求和愿望的简单预算。	为一个活动或事件,按照需求和愿望的优先顺序制定一个简单的预算。用简单的资金管理工具监控一个给定的预算,如:电子表格。	为某个活动和时间制定预算。用在线和纸质声明行等资金管理工具监控一个给定的预算。	按照需求和愿望的优先顺序为个体、为大家、毛利大家庭和团体制定一个预算。用资金管理工具监控一个给定的预算。	为管理个体、毛利和大家庭和团体的资金准备一个预算。为达到目的监控调整给定的预算。描述生活某阶段财务的事件及所需要做的财务决定,如:获得一份兼职工作。	准备、监控并调整以反映不断变化的财务状况并达到财务目标。为生活某阶段的财务事件及所需要做出的财务决定做设计,如:(脱离父母)独立生活、获得一份工作、退休。	准备、监控并调整预算以反映不断变化的财务状况并达到财务目标。为生活某阶段事件及做要做财务决计,如:上大学、购房和出国。

续表

能力	主题	一级	二级	三级	四级	五级	六级	七级	八级
资金和收入的管理	预算和财务管理			• 明确毛利大家要做出的定期财务承诺。	• 确定个体、毛利大家、团体要做出定期财务承诺。	• 描述生活某阶段财务事件及所需要做出的财务决定，如：开始上中学。	• 解释个人财务文件，如：账户声明。	• 将个人财务记录与财务文件进行对账，如：收据、账户声明。	• 将个人记录与财务文件进行对账，质疑不准确的地方并进行投诉。
设定目标	设定财务目标并计划	• 确定一个短期财务目标并讨论如何达成。	• 作为项目或活动计划的一部分，设定一个财务目标并确定要达到目标所需要的步骤。	• 根据个体、毛利大家或团体目标制订长期和短期的计划。	• 调查财务计划如何帮助个体达成生活目标，如：为上大学存款。对财务建议的不同来源进行讨论。	• 对职业选择和为达到不同目的而设定的财务目标加以描述。对财务建议的不同来源进行比较。	• 设定个体、毛利大家或团体的财务目标并对其实施进行规划。描述和比较与财富创造有关的财务建议来源。	• 设定个体、毛利大家或团体的财务目标并对其实施进行规划。说明对于财富创造的理解。	• 为达到长期财务目标订一个计划。说明通过个人财务计划实现财富创造的理解。

续表

能力	主题	一级	二级	三级	四级	五级	六级	七级	八级
管理风险	确定和管理风险	• 认识保障资金安全的重要性。 • 描述保障资金安全的方式。	• 讨论保障资金安全的重要性。 • 描述保障资金安全的方式。	• 确定个体、毛利大家庭或团体面临的资金风险的种类。 • 解释保障资金安全的方式。	• 讨论个体、毛利大家庭或团体面临的资金风险的不同种类。	• 描述各种投资的风险管理方式。	• 对个体、毛利大家庭或团体的资金，如债券、其他理财产品的风险管理策略进行比较。 • 描述保障在保障资产方面发挥的作用，如：汽车、家庭资产。	• 描述和解释个体、毛利大家庭或团体面临的资金管理的风险和收益，如：租用协议。 • 解释在减少资金风险中不同种类保险的作用。	• 解释个体、毛利大家庭或团体面临的资金管理风险、收益和多样性。 • 调查申请学生贷款的好处和风险。

续表

能力	主题	一级	二级	三级	四级	五级	六级	七级	八级
管理风险	权利和责任	认识付费购买商品的重要性。	对购买者的权利进行讨论，如：退回缺陷商品。	理解购买者享有质量保证等权利。	理解购买者和销售者享有申请赔偿等权利。	理解消费者和销售者遵守《公平交易法案》（Fair Trading Act）、接受银行监管等责任。	描述消费者和销售者的权利和责任，如：《消费者保障法》（Consumer Guarantees Act）的规定。理解购买产品和服务时的法律合同，如：分期付款购买、话费套餐、体育馆会员合同。	解释消费者和销售者的权利和责任及寻求赔偿的方式，如：提供写证据、话信。	比较购买产品或服务的法律合同，如：分期付款购买、话费套餐、抵押付款。

续表

能力	主题	一级	二级	三级	四级	五级	六级	七级	八级
管理风险	权利和责任				● 对财务建议的不同来源进行讨论。	● 比较不同的财务建议来源。 ● 认识诸如窃取身份、欺诈等犯罪行为并明确避免的方法。	● 描述和比较与财富有关创造的不同财务建议来源。 ● 确定值得信赖的产品和服务的提供者。	● 解释购买产品和服务时的法律合同,如:分期付款购买、话费套餐、体育馆会员合同。 ● 描述和比较与财富有关创造的不同财务建议来源。	

续表

下列学习目标和标准可为高中教师提供理财教学的内容或背景参考

新西兰课程	
社会研究	
• 理解个体、团体和机构如何促进社会公正和人权的实现。	• 理解社区和国家如何在地方、国内和国际上履行责任、行使权利。 • 理解政策变化如何与个体和社区的权利、角色和责任相互影响。
• 理解文化的适应性和改变方式这种适应和改变对社会的影响。	• 理解不同文化信仰如何引发冲突，以及用不同的方式对待这些观点会产生不同的结果。 • 理解意识形态是如何塑造社会的，以及个体和社区对这些信念的反应的不同。
经济学	
• 理解在资源具有稀缺性这一前提下，消费者、制造商和政府如何做出影响新西兰社会的选择。	• 理解经济概念和模型如何提供分析新西兰当前问题的手段。 • 理解发挥良好作用的市场是有效率的，但当市场不能提供有效公平的结果时可能也需要政府的干预。
• 理解新西兰经济的各要素是如何相互依赖的。	• 理解政府政策和当前事物如何相互作用。 • 理解新西兰经济的本质和规模如何受相互作用的内外因素的影响。
数学和统计	
数字和几何	**数学**
• 运用日常复利。	• 演示线性和非线性图表的功能，并将其与图表的结构联系起来。 • 演示并解释有相反或相同功能的图表。
• 用数值方法找到最优解决方案。	• 选择适合的网络以找出最优的解决方案。 • 使用排列和组合。
• 归纳有理数运算的特性，包括指数的特性。	• 演示有理数、指数和对数的代数表达式。 • 演示复杂的数字，并用图的形式将其呈现出来。
• 将变化率与图表及其梯度联系起来。	• 简述图表及其梯度的功能并描述图表之间的关系。

统计			
	● 利用统计调查周期计划并实施调查： － 解释所使用的变量和方法； － 管理变量的来源，包括随机样本的使用； － 用多重演示的方法确定并探讨调查数据的特点（变量的趋势、变量间的关系、组内和组间分布的差异）； － 根据样本数据做关于人口的非正式推测； － 用多重演示和测量的方法解释发现。 ● 通过将所使用的演示、统计、处理和所使用的统计报告。 概率与所相关的声明相联系 评价媒体中的统计报告。 ● 调查涉及概率因素的情况： － 比较离散理论分布和实验分布，评价样本量的作用； － 在离散情况下计算概率。	● 利用统计调查周期对现象进行调查： － 做有随机取样需要的调查、做实验，使用现有的数据； － 评价针对变量的方法选择、样本的选取、数据收集方法的使用； － 运用相关的背景知识、探索性数据分析和统计推论。 ● 从调查和实验中做出推论： － 做非正式的预测、插值和外推； － 用样本统计做人口指数某一点的估计； － 认识样本量大小对估计变化的影响。 ● 对统计性报告做评价： － 解释风险和相对风险； － 确定包括民意测验在内的调查中可能存在的样本和非样本的错误。 ● 对涉及概率因素的情况进行调查： － 将如正态分布这样的理论连续分布与实验分布进行比较； － 使用双向表、树图、模拟等技术计算概率。	● 利用统计调查周期对现象进行调查： － 运用实验设计原理做实验，做调查，使用现有的数据； － 发现、使用和评价适当的模型（包括双变量数据性的回归和时间序列数据模型的加和模型），进行解释和预测； － 使用相关背景知识、探索性数据分析和统计推论； － 交流、发现并评价调查周期中的所有阶段。 ● 从调查和实验中做出推论： － 确定均值、比例差异的估计值和置信区间，认识中央极限定理和置信区间、认识这些的相关性； － 用重新联系调查或随机化的方法证明证据的优势。 ● 评价包括调查和民意测验、实验观察研究在内的一系列统计性报告： － 评论因果关系论断； － 解释误差范围。 ● 对涉及概率因素的情况进行调查： － 计算独立事件、组合事件和除事件的概率； － 计算和解释期望值和离散型随机变量的标准差； － 应用泊松分布、二项分布和正态分布等分布。	

续表

高中教学成果指南

高级社会研究

6.2- 理解文化的适应性和改变方式这种适应方式对社会的影响。

7.1- 理解社区和国家如何承担责任以及在地方、国内和国际上行使它们的权利。

8.1- 理解政策变化如何与个体和社区的权利、角色和责任互相影响。

7.2- 理解不同的文化信仰如何引发冲突，以及用不同方式对待这些观点如何产生不同的结果。

8.2- 理解意识形态是如何塑造社会的，以及个体和团体对这些信念反应的不同。

会计

6.1- 以诚信的态度管理个体、毛利大家庭和当地小企业包括社区组织的经济事务。

7.1- 以诚信的态度管理个体、毛利大家庭及当地或地区中小企业，以及有会计子系统的社区组织的经济事务。

8.1- 管理个体、毛利大家庭及当地或地区中小企业或社区组织的经济事务，使无论内部的、外部的、还是当地的、地区的、国内的、国际的使用者，都能做出有效的和有道德的决定。

6.2- 用适当地交流工具和技术为个体、毛利大家庭和当地小企业包括社区组织处理、报告和解释经济信息。

7.2- 用适当的交流工具和技术为个体、毛利大家庭和地区或地区中小企业，以及有会计子系统的社区组织处理、报告和解释经济信息。

8.2- 用适当的交流工具和技术为个体、毛利大家庭包括社区组织处理、报告和解释经济信息。这些企业可以是当地的、地区的、国内的或国际的。

商业研究

6.1- 理解由于内部因素和外部因素，小企业主如何做出有利于企业成功的经营性决定。

7.1- 研究新西兰大型企业如何及为什么根据内外因素做出经营性决定。

8.1- 分析在国际市场上新西兰企业如何及为什么能够做出反映内外因素的经营性和战略性决定。

6.2- 根据市场反馈提出对未来的建议，计划、实施并目回顾一项一次性的商业活动。

7.2- 根据市场反馈提出对未来的建议、计划、实施，回顾、修订一项关系到社区福利的商业活动。

8.2- 对一项创新性的可持续的商业活动进行计划、市场投放、回顾、修订；分析该活动及其在市场上的成功经验。

续表

经济学

6.1- 理解在资源具有稀缺性这一前提下，消费者、制造商和政府如何做出影响新西兰社会的选择。	7.1- 理解经济概念和模型如何为分析新西兰当前问题提供方式。	8.1- 理解能发挥良好作用的市场是有效率的，但当市场不能提供有效或公平的结果时可能也需要政府的干预。
6.2- 理解新西兰经济的各要素之间如何相互依存的。	7.2- 理解政府政策和当前事务如何相互作用。	8.2- 理解新西兰经济的本质和规模如何受相互作用的内外因素的影响。

数学和统计

数字和代数

6.3- 使用日常复利。	7.2- 演示线性和非线性图表的功能，并将其结构联系起来。	8.2- 演示并解释有相反相同功能的图表。
6.4- 用数值方法找到主最优解决方案。	7.5- 选择适合的网络找出最优的解决方案。	8.3- 使用排列和组合。
6.6- 归纳有理数运算的特性，包括指数的特性。	7.6- 演示有理数、指数、对数的代数表达式。	8.9- 演示复杂的数字，并用图的形式将其呈现出来。
6.8- 将变化率与图表的梯度联系起来。	7.9- 简述图表及其梯度的功能并描述图表之间的关系。	

统计

6.1- 利用统计调查周期计划并实施调查。 A- 解释所使用的变量含义和方法； B- 管理变量的来源，包括随机样本的使用； C- 用多重演示确定并探讨调查数据的特点（变量的趋势、变量间的关系、组内和组间分布的差异）； D- 根据样本数据做关于人口的非正式推测； E- 用多重演示测量的方法解释发现。	7.1- 利用统计调查周期对现象进行调查。 A- 做有随机取样需要的调查，做实验，使用现有的数据库； B- 评价针对变量的方法选择、样本的选取、数据收集方法的使用； C- 运用相关的背景知识、探索性方法分析和统计推论。	8.1- 利用统计调查周期对现象进行调查： A- 运用实验设计原理做实验，做调查，使用现有的数据； B- 发现、使用和评价适当的模型（包括双变量数据的线性回归和时间序列数据的加和模型），进行解释和预测； C- 使用相关背景知识，探索性数据分析和统计推论；

续表

6.2- 通过将所使用的演示、统计、处理和所使用的概率与所做的声明相联系明相联系媒体中的统计报告。

6.3- 调查涉及概率因素的情况：
A- 比较离散概率理论分布和实验分布的作用；
B- 在离散情况下计算概率。

7.2- 从调查和实验中做出推论：
A- 做非正式预测、插值和外推；
B- 用样本统计做人口指数某一点的估计；
C- 认识样本量大小对估计值变化的影响；

7.3- 对统计性报告做评价：
A- 解释风险和相对风险；
B- 确定包括民意测验在内的调查中可能存在的样本和非样本的错误；

7.4- 对涉及概率因素的情况进行调查：
A- 将如正态分布这样的理论连续分布与实验分布进行比较；
B- 使用双向表、树图、模拟等技术计算概率。

D- 交流、发现并评价调查周期中的所有阶段。

8.2- 从调查和实验中做出推论：
A- 确定均值、比例差异的估计值和置信区间，认识中央极限定理的相关性；
B- 用重新取样或随机化的方法评价证据的优势；

8.3- 评价包括调查和民意测验、实验和观察研究在内的一系列统计报告；
A- 评论因果关系；
B- 解释误差范围；

8.4- 对涉及概率因素的情况进行调查：
A- 计算独立事件、组合事件和条件事件的概率；
B- 计算和解释期望值和离散型随机变量的标准差；
C- 应用泊松分布、二项分布和正态分布等分布。

会计　国家教育成就认证（NCEA）

AS90976	AS91174	AS1404
1.1- 说明对于小企业结算概念的理解。	2.1- 针对需要进行子系统结算的企业说明相关会计概念。	3.1- 为一个新西兰报实解释结算的概念。

续表

AS90977 1.2- 为一个小企业处理财务交易。	**AS91175** 2.2- 说明对于利用会计软件进行结算的理解。	**AS91405** 3.2- 说明对为合作伙伴做结算的理解。
AS90978 1.3- 为独资经营者准备财务声明。	**AS91176** 2.3- 为需要进行子系统结算的企业准备财务信息。	**AS1406** 3.3- 说明对为公司财务声明做准备的理解。
AS91179 2.6- 说明对于企业可收款子系统账户的理解。	**AS91177** 2.4- 为需要执行子系统结算的企业解释结算信息。	**AS91407** 3.4- 为一位外部用户准备一份报告，解释一个新西兰报告实体的年度报告。
AS90980 1.5- 向独资经营者解释结算信息。	**AS91179** 2.6- 说明对一个企业可收款子系统账户的理解。	**AS91408** 3.5- 说明对为决策提供依据的管理结算的理解。
AS90981 1.6- 为一个体或团体做一个财务决定。	**AS91386** 2.7- 说明对一个企业存货清单子系统的理解。	**AS91409** 3.6- 为一个企业解释对工资成本子系统的理解。
AS90982 1.7- 说明对一个小企业的现金管理的理解。	**AS91481** 2.5- 说明对于决策的一个当前结算问题的理解。	—
商业研究		
AS90837 1.1- 说明对一个小企业内部特征的理解。	**AS90843** 2.1- 说明对一个大企业内部经营的理解。	**AS91379** 3.1- 说明对在全球经营的背景下企业内部各因素如何相互作用的理解。
AS90838 1.2- 说明对于影响小企业的外部因素的理解。	**AS90844** 2.2- 说明对一个企业如何对外部因素做出反应的理解。	**AS91380** 3.2- 说明对在全球经营的背景下一个企业受外部因素的影响做出的战略反应的理解。
AS90839 1.3- 在给定的小企业背景下，将商业知识应用到一个操作性问题上。	**AS90845** 2.3- 在给定的大企业背景下，将商业知识应用到一个重要问题上。	**AS91381** 3.3- 在给定全球企业背景下，应用商业知识解决一个复杂的问题。

续表

AS90840	AS90846	AS91382
1.4- 将市场营销混合策略应用到一个新的或现有产品上。	2.4- 为一个新的或者现有的产品做市场调研。	3.4- 为新的或现有的产品制订一个市场营销计划。
AS90841	AS90847	AS91383
1.5- 调查企业人力资源管理过程的各个方面。	2.5- 调查动机原理在企业中的应用情况。	3.5- 分析影响商业活动的人力资源问题。
AS90842	AS90848	AS91384
1.6- 在教师指导下开展基于产品的商业活动并回顾总结。	2.6- 经指导开展以社区为背景的商业活动并改进。	3.6- 经过咨询,实施一个创新性的可持续的商业活动。
—	—	AS91385
		3.7- 经过咨询,调查一个新西兰企业在市场上的出口潜力。
高级社会研究		
AS91039	AS91279	AS91596
1.1- 描述文化如何变迁。	2.1- 说明对于来自不同文化信仰和观点的冲突的理解。	3.1- 说明对一个问题在意识形态方面的理解。
AS91040	AS91280	AS91597
1.2- 做一个社会调查。	2.2- 做反思式的社会调查。	3.2- 做批判性的社会调查。
AS91041	AS91281	AS91598
1.3- 描述文化变迁的后果。	2.3- 描述如何解决文化冲突。	3.3- 描述意识形态如何塑造社会。
经济学		
AS90983	AS91222	AS91399
1.1- 运用稀缺性或需求理论说明对于消费者选择的理解。	2.1- 用经济概念和模型分析通货膨胀。	3.1- 说明对于市场平衡效率的理解。

续表

AS90984 1.2- 说明对于制造商生产决定的理解。	**AS91223** 2.2- 用经济概念和模型分析国际贸易。	**AS91400** 3.2- 用边缘分析说明对于不同结构的市场的效率的理解。
AS90985 1.3- 说明对于制造商选择供货商的理解。	**AS91224** 2.3- 用经济概念和模型分析经济增长。	**AS91401** 3.3- 说明对于微观经济概念的理解。
AS90986 1.4- 说明对于消费者、制造商和政府如何利用市场平衡影响社会。	**AS91225** 2.4- 用经济概念和模型分析失业。	**AS91402** 3.4- 说明对于为修正市场失衡进行政府干预的理解。
AS90987 1.5- 说明在受众有不同观点的地方政府如何进行选择。	**AS91226** 2.5- 分析与当前两个经济问题有关的统计数据。	**AS91403** 3.5- 说明宏观经济对于新西兰的影响。
AS90988 1.6- 说明对于新西兰经济各要素相互依赖的理解。	**AS91227** 2.6- 分析政府政策和当前经济问题是如何相互作用的。	—
	AS91228 2.7- 用经济概念和模型对当前一个特别感兴趣的经济问题进行分析。	—
个人财务管理 [新西兰学历资格框架（NQF）]		
US24701- 说明用于个人财务管理的介绍性的信贷知识。	US24702- 说明用于个人财务管理的信贷知识。	US24703- 说明并运用个人财务管理的信贷知识。
—	US24707- 设定一个个人财务目标并计划实施。	US24708- 设定一个复杂的个人财务目标并计划实施。
—	US25242- 说明通过个人财务计划创造财富的知识。	—

续表

以个人财务管理为目的的进行与个人收入有关的计算。	US24697-	US25246-	说明用于个人财务管理的风险和回报的知识。
做一个与个人收入有关的决定并评价其后果。	US24699-	US25247-	说明有关个人财务管理的风险、回报和多样化的知识。
—		US1874-	为预扣所得税（Pay As You Earn, PAYE）、金融转移建设（Financial Building Transfer, FBT）和商品服务税（Goods and Services Tax, GST）准备国税局（Inland Revenue Department, IRD）的雇主报告文件。
—		US24696-	说明个人收入、信贷和税收的知识以及聘用决定对它们的影响。
—		US20078-	描述小企业所有者和经营者的税收、经济和保险责任。
说明可以进行个人财务管理的银行产品和服务。	US24704-	—	
解释并核实个人财务文件的准确性。	US24705-	US18956-	说明企业财务管理方面的知识。
为个人做一个收支平衡的预算。	US24709-	—	
为家庭做一个收支平衡的预算。	US24710-	—	

针对服务行业的途径：

国家教育成就认证的成就标准为财务管理者、顾问和交易者推荐的职业发展途径

（参见 http://youthguarantee.net.nz/assets/Uploads/MOE-VP-Services-RD2-final3.pdf。）

合计

AS90976 1.1- 说明对小企业结算概念的理解。	AS91174 2.1- 为要执行子系结算的企业说明对结算概念的理解。	—

续表

AS90977	AS91175	—
1.2- 处理一个小企业的财务交易。	2.2- 说明对于使用结算软件进行结算的理解。	
AS90978		—
1.3- 为独资企业准备财务状况声明。	—	
AS90979		—
1.4- 为一个社区组织的年度大会准备财务信息。	—	
AS90980		—
1.5- 为独资企业解释结算信息。	—	
AS90981		—
1.6- 为个人或小组做一个财务决定。	—	
AS90982		
1.7- 为一个小企业说明对现金管理的理解。	—	
商业研究		
AS90837	AS90843	—
1.1- 说明对一个小企业内在特征的理解。	2.1- 说明对一个大型企业内部经营的理解。	
AS90838	AS90844	
1.2- 说明影响一个小企业的外部因素。	2.2- 说明一个大型企业如何对外部影响因素做出反应。	
AS90840	AS90846	—
1.4- 对一个新产品或现有产品应用市场营销综合策略。	2.4- 为一个新产品或现有产品做市场调研。	
—	AS90847	
	2.5- 调研激励理论在企业中的应用。	

续表

经济学			
—	AS91222 2.1- 用经济学概念和模型分析通货膨胀。	—	
—	AS91223 2.2- 用经济学概念和模型分析国际贸易。	—	
—	AS91224 2.3- 用经济学概念和模型分析经济增长。	—	
—	AS91226 2.5- 分析与当前的两个经济问题有关的统计数据。	—	
—	AS91227 2.6- 分析政府的政策如何与当前的经济问题相互作用。	—	
—	AS91228 2.7- 用经济学概念和模型分析特别感兴趣的一个当前的经济问题。	—	

附　录

国际理财教育网络中小学理财
教育指南 *

本附录收录了《国际理财教育网络中小学理财教育指南》。该指南旨在为中小学理财教育提供高水平非约束性的国际性指导，以帮助政策制定者和对此话题感兴趣的利益相关者在中小学设计、引进和实施有效的理财教育计划。该指南在《理财教育学习框架指导》（Guidance on Learning Frameworks）的基础上形成，为正规学校提供了有计划、连贯的理财教育方法，这些方法决定了理财教育的整体学习成果和标准。

背　景

《国际理财教育网络中小学理财教育指南》（以下简称《指南》）和与之相伴的《理财教育学习框架指导》（以下简称《指导》）的制定是在以

---

　* 该指南和与之相应的《理财教育学习框架指导》经过由广泛的利益相关者参与的全面商讨制定而成。国际理财教育网络于 2010 年 10 月对这两份文件做出详细阐述并同意对其进行进一步修订。2011 年 4 月，金融市场委员会（CMF）和保险与个人养老金委员会（IPPC）同意对它们进行公开修订，该修订于 2011 年 8 月至 9 月进行。修订过的《国际理财教育网络中小学理财教育指南》和《理财教育学习框架指导》于 2011 年由国际理财教育网络通过，最终的版本以及修订之前的《国际理财教育网络中小学理财教育指南》于 2012 年 3 月由金融市场委员会和保险与个人养老金委员会通过并转送到经合组织教育政策委员会。在亚太经合组织 2012 年 8 月的会议上，亚太经合组织的财政部长级官员们宣布支持该指南并鼓励其在亚太经合组织经济体中实施。

下研究的基础上进行的：2008 年经合组织金融市场委员会做的初步研究，2009 年和 2011 年由经合组织和国际理财教育网络开展的国际性调研，以及 2012 年由经合组织公布的分析性报告。

现行的《指南》和与之相伴的《指导》是经过 2010 年至 2012 年全面商讨过程后制定并定稿的。此过程由一系列利益相关者参与：《指南》和《指导》最初是由一些经合组织和国际理财教育网络的专家拟定的，后被提交到经合组织的网站公开征求意见并于 2012 年 3 月和 4 月经过经合组织法律部和负责理财教育的部门（金融市场委员会和保险与个人养老金委员会）的批准最终确定。《指南》在 2012 年 8 月亚太经合组织的会议上得到财政部长级官员们的支持，其实施也得到了亚太经合组织经济体的支持（APEC，2012）。

《指南》制定的过程也为 2012 年经合组织国际学生评估项目理财素养测试的制定工作提供了有价值的借鉴。尤其需要指出，该评估框架很大程度上来自于《指南》《指导》和相关的背景材料。

国际理财教育网络的《指南》和《指导》成为经合组织 / 国际理财教育网络国家理财教育战略高层次原则及《经合组织 2005 建议》（OECD 2005 Recommendation）的有益补充。它们为帮助政策制定者和利益相关者在学校制定、引入和实施有效的理财教育计划提供了高水平的非约束性的国际指导和框架。

《指南》旨在应对学校在引入理财教育时面临的相关挑战。在课程和教育系统存在差异的情况下，它可以根据国家、地区和当地的情况做出调整。根据不同区域教育系统的结构，《指南》适用于从幼儿园开始到所需要的正规学校教育结束的学校理财教育计划的全过程。

《指南》中的"学校理财教育"这一术语是指理财知识、理解、技能、行为、态度和价值的教学，这些内容可以使学生成年后在日常生活中做出明智且有效的理财决定。理财素养（或能力）则代表了教育计划中所期望的结果。

国际理财教育网络中小学理财教育指南

理财教育与学校课程整合框架

学校理财教育计划：国家协调策略的一个完整组成部分

为了将理财教育融入更广泛的社会，作为国家协调策略的一部分，理想情况下，理财教育应该与学校课程整合起来。学校理财教育计划应该让一个国家或地区的每个孩子都能通过学校课程接触到理财教育的内容。现有课程提供的对理财教育的状况和水平的评价和分析，以及对儿童和青年人目前的理财素养的评价和分析，应先于理财教育的引入进行并作为理财教育的基础。

在国家层面确定一位政府领导或一个协调机构将保障项目的实用性和长期可持续性。它可以是财政部或教育部这样的政府部门，也可以是一位财政监管者，或者是中央银行或汇集几个公共权力当局的委员会。无论选定哪个协调机构，最好从项目一开始就确保该项目能够获得国家、地区和地方层面教育部和教育系统的参与和支持（框注附1）。

框注附1   教育系统的参与和支持

应以各种方式鼓励和提倡对理财教育感兴趣的利益相关者（也可以是教育系统外的政府部门、公共财政管理和监督机构或中央银行）以在学校纳入理财教育为目的，参与教育系统和教育部门的理财教育计划。

首先，根据各国的情况，利益相关者应该尽最大可能，设法利用人们和教育系统更易相信理财技能和知识对个人幸福重要性的关键时期进行理财教育。尽管令人遗憾，但经济危机的后果之一是在很多国家和地区的人群中，在整个国家、地区和当地教育系统中，为理财意识的出现建立了条件。显然近期就具有在此领域制订长期计划并建立合作伙伴关系的独特机会。

其次，还应该通过开展青少年理财素养水平和技能的调研来为理财教育的实施提供依据，其目的是让这一重要领域对年青一代的要求和现实情况的差距引起公众和教育家的注意。国际指标和理财素养基准的制定（包括在经合组织国际学生评估项目中纳入理财素养测试）也为理财教育提供了一个强有力的工具。

续

考虑到资源、时间和教育系统相关经验的缺乏（通常情况下相对而言不太熟悉理财教育这一话题），感兴趣的公共利益相关者可能希望直接为学校理财教育课程的制定提供支持。在这方面，他们可以针对系统的局限性提供适合的解决方案并帮助制定长期和灵活的理财教育路线图和目标。例如，政府金融当局可以：

- 用分层法推动理财教育在课程中的引入。首先，可以将理财教育作为选修科目与课程整合；然后，将其作为与其他科目平行的必修科目在可行的地区引入。在将理财教育作为单独科目或必修科目引入时可能遇到阻力并使其实施延迟的地方，这种做法可能会有效。
- 在考虑教育系统的要求的基础上帮助制定理财教育学习框架。
- 制定和提供针对教师的材料及专门的培训。
- 为确保主要教育利益相关者确实参与理财教育明确责任、目标和时间表，以理解备忘录的形式与教育部或教育系统发展具体的合作伙伴关系。

国际认可的经合组织指南和建议的制定也能为此领域的政策行动提供强有力的论据。

适当、量身定做、可量化的目标

在学校课程中引入理财教育的首要目标应该通过国家协调策略设定并以相关教育原则为基础。更详细的目标和成果描述最好列入专门的理财教育学习框架。[1]此框架最好由教育当局执行。

根据国家、地区或当地的情况，理财教育学习框架的内容会有所不同，框架中对特殊才能、需求、愿望和差距的描述，教育系统的结构和要求，在文化和宗教方面的考虑，以及在学校引入理财教育所采纳的方法等都可能会有不同。

理想情况下，理财教育学习框架应该包含知识和理解、技能和行为以及态度和价值观，也可能包含创业技能。总之，学校理财教育学习框架在下列方面既为学校和教师又为政府当局提供指导。

- 预期学习成果的描述。
- 理财教育项目包括的主题或内容（按学生年龄或年级划分）：
  - 金钱和交易；

- 计划和财务管理；
- 风险和回报；
- 金融概览。
- 有效教学法。
- 资源：
  - 基于年级的每周或每年课时数；
  - 课程的时间跨度。
- 评价和监测的标准。

灵活实施

理想状态下，引入学校理财教育应有灵活的方法并根据国家、地区或当地的情况而有所调整。为确保所有儿童在学校期间确实受到理财教育，通常其引入最好以强制性国家课程的组成部分的形式进行。

以独立科目或模块的形式引入理财教育，原则上将确保有充足的时间和资源投入到教学中。然而，考虑到大多数教育系统的局限性，将理财教育纳入一些特定的科目中（如，数学、经济或社会科学、家政、公民学、文学或历史）或作为一门横向科目与一系列课程整合在一起也是有效的。

事实表明，通过跨学科的方法引入理财教育可以克服课程负担过重造成的困难，将教师和学生更熟悉的题目与理财素养相结合，让更多样的、潜在的、创新的和有吸引力的方法得以发展。如果要用这种方法，制定监测理财素养实际教学的机制就十分重要。在专门的理财教育学习框架中，也需要确定理财教育与其他科目的具体联系并为教师在相关的课程中进行教学提供案例研究和范例。

学校理财教育应该尽可能早地开始（理想状态下在幼儿园和小学开始），并至少持续到正规课程结束，可能的话到高中结束。理财教育学习框架要以学生在整个在校期间发展良好的理财能力为目标制定，并根据年龄或年级进行调整。

资源的适用性和可持续性

为确保学校理财教育学习框架的制定和实施的可持续性和可靠性，应确定适当的、适用的和长期的理财教育相关资源。只要有适合的机制确保计划的客观性和质量，这些资源就既可以来源于政府，也可以来源于民间。相关部门可以寻求民间资本或类似资本的参与，以确保拥有足够的经济支持，并可从民间利益相关者的理财专业知识中受益（对相关冲突的管理见框注附 2）。

框注附 2　管理可能的与民间资本和学校理财教育有关的利益冲突

相关部门可以考虑制定几项措施来监控民间资本，并管理可能的参与学校理财教育的金融机构之间的利益冲突：

- 政府当局或独立非营利机构（如自我管理机构）可以引导并监控民间资本的使用；
- 民间资本可以与公共资本合并在一起；
- 类似的民间资源（例如材料、培训和课堂上的志愿者）都应尽可能成为政府或独立非营利机构颁发证明（质量标志）或认证的对象；
- 制定规则和标准以确保学校背景下民间计划的客观性（例如避免使用公司标志和商标）；
- 任何参与教学的民间志愿者都应该受教师或教育系统的密切监督。

监控进展和影响

应该在计划一开始就规划并制定评估学校理财教育计划的进展和影响以及不同理财教育方法的效率的方法和标准。随着时间的推移，为了提高效率和参与理财教育的利益相关者的责任心，这些方法和标准应包含对每个实施阶段的监控及对短期成果和长期影响的定量和定性的测量。

为了确保监控计划的相关性和效率，在推广经验之前，可以考虑在少数学校、地区或地方引入理财教育的监测试点。

可以实施的监控和评价过程如下。

- 监控计划的实施，进行过程评价：
  - 监控或评价学校理财教育的实际教学（运用地方、地区或国家水平的监督机制及案例研究）。
  - 评价理财教育计划、学习框架、相关材料、教师培训在理财教育中的相关性及其对理财教育的影响。评价可以收集理财教育实施过程中来自利益相关者的反馈（如，教师、教育系统管理者、学校领导、培训者、学生、家长和社区）。
  - 通过定期进行教室教学评价、正式考试或特别的国家竞赛在课程开展的全程对学生理财素养进行评价。
- 评价长期影响：
  - 在正式的学校课程结束时的考试中纳入理财教育的内容。
  - 进行学生理财素养和技能基准的调研（涵盖对理财知识、理解、技能、行为、态度和价值观的评价），设定基准并确定差距和需求。理想情况下，这些调研应该每隔一段时间（比如3年或5年）进行一次，以衡量随着时间的推移学生理财素养和技能的变化。
  - 参与和使用可获得的理财素养水平国际调研结果，如2012年开始进行的国际学生评估项目。

确保重要的利益相关者的适当参与

为了达到有效的目的，学校理财教育应该与更广泛的社会、地区或国家计划相结合。这也需要来自不同领域的一系列潜在的利益相关者的努力和参与：政府、金融管理机构、中央银行、教育系统、教师、家长、社区和学生等。寻求民间金融机构、企业领导和非营利协会专家、地方网络和国际组织的努力也是恰当且重要的。

根据国情、教育系统和文化的不同，每个利益相关者的角色和参与程度也不同。即便如此，每个利益相关者在参与理财教育过程中的责任最好能在项目一开始就确定下来。在教育系统、教师、家长、社区以及学生的支持下，主要和核心的工作应该由中央协调机构（通常由政府当局组成）来完成。

政府、公共权力机关和教育系统：引领与协调

政府，特别是教育部和其他公共权力机关（例如金融管理或监督机构，中央银行）在下列情况下发挥领导作用：

- 评价需求和差距；
- 规划和评估现有计划；
- 提高对学校理财教育重要性的认识；
- 确定理财教育学习框架和标准；
- 引领并指导学校理财教育和优质实践模型的引入工作；
- 制定计划的整体结构框架，确定责任、监控过程并评价中期和最终的结果；
- 协调其他利益相关者的行动并对实施阶段进行监督。

教育系统以及包括学校层面的各级管理者在内的当地主要的利益相关者都应该积极参与理财教育。

应具备适当的机制以确保参与者直接参与下列活动：

- 推动学校理财教育的成功引入；

- 详细阐述并确定为实现这一目标最好和最有效的方法和手段（包括相关教学法）。

教师和学校成员、家长和社区、学生：至关重要的角色

由于具有的教学专业知识和与学生的密切关系，教师应该在学校理财教育引入中处于核心地位。相关部门需要做出专门的安排让教师在此过程的各个阶段都能有效参与，使他们相信理财素养对于学生和他们自己都十分重要，还要为他们提供必要的资源和培训以便让他们在课堂理财素养教学中感到自信。

如果有外面的专家和志愿者参与到课堂中，教师最好也要参与进来并监督他们的工作。

如果可能的话，应该通过专门的项目和计划使家长和当地社区积极参与理财教育。

为确保家长、社区及学生都意识到理财教育对于促进个人财务健康、成功地与社会相互作用、融入经济生活的重要性，应该专门制定相应的激励措施和标志。

校长和行政人员等学校领导也可以在教师、学生及其家长和亲戚等更广泛的社会范围内有效推广理财教育的行动中发挥辅助作用。

其他利益相关者

商业或金融行业相关组织、专家顾问和非营利机构等其他利益相关者也可以在学校理财教育中发挥作用。

金融机构可以直接参与学校理财教育的引入工作或通过国家协会参与。例如，他们可以提供类似用来开发材料、组织教师培训或辅助志愿者在教室与学生互动的专业知识或经济支持。然而，这种参与应该和他们的商业活动清楚地分开并得到密切的监督和管理，以防止任何可能发生的利

益冲突。

在此领域有特殊专业知识的咨询公司或非营利机构也可能会参与学校理财教育，如参与学校材料的制定（学习框架的制定）或教师培训。

国际理财教育网络等国际组织也在学校理财教育的有效发展中，提供国际指导和类似的支持作用。

自上而下和自下而上的方法

所有感兴趣的利益相关者，特别是教育系统中的利益相关者，他们的参与最好通过既自下而上又自上而下的途径来保障。在这方面，相关部门可以考虑制定相关的伙伴间的理解备忘录以促进项目顺利有效地实施，明确各方的责任。

有效的手段和方法

为促进学校理财教育的有效引入，应该确定、制定足够的支持工具和方法以满足教育系统主要利益相关者的需求。

适宜的信息和教师及其他学校员工培训

应提供适当的培训以确保教师和其他学校员工（如学校领导）具备足够的能力并在学生理财能力建设方面感到自信。

这种培训应该向所有开展理财教育的教师提供，教师在课堂进行的理财教育可以作为独立科目开展，也可以在其他科目的基础上开展，如：数学、经济学、社会科学、家政、公民学、文学或历史。该培训应该作为教师入职培训或教育的一部分（即作为职前培训的一部分），并作为教师继续专业培训的一部分定期举行。

培训的主要目标应该包括：

- 提高教师对终身接受理财教育的重要性的意识；
- 为教师提供教学法支持以便他们使用可获得的教学资源；
- 发展教师自身的理财素养。

这种培训应该由有资格的人员按照预先确定的指南来实施。为教师进行培训的人员应具备教育系统的良好知识、了解理财教育学习框架的要求、具有进行理财教育的有效的教学手段和资源。如果目前还没有这样的培训者，工作重点应首先放在发展培训者的能力上。

如何获得并提供高质量、客观和有效的工具

应该确保教师可以获得并容易获得高质量、客观和有效的材料和教学法，应为教师提供最好的理财教育资源。

为此，国家或地区的政府或相关机构应做到下列方面（另请参考框注附3）：

- 对可获得的材料和资源进行规划和评价，这些材料包括：书、手册、指南、在线工具、案例研究、游戏、调查和教学法；
- 帮助教师和学校选择最相关的工具和材料。

此外，对部分国家或地区而言，有可能需要从头开始建设这些资源。

不论哪种情况都应该制定用于确定和发展适合的工具的标准和原则。一个国家或地区的理财教育资源是否容易获得，应该由政府或相关机构根据这些标准和原则来评价。该政府部门或机构最好引入一种特别的质量标志或认证来表示哪些资源与这些标准和原则相匹配。

学校和教师通过一个可信赖的渠道或相关的政府机构（例如：政府、金融管理部门、著名公共或独立网站、教育系统、地方网络等）就可以很

容易得到适宜的资源。

获得理财教育材料的信息交换中心可以由一个渠道（或几个渠道）充当。应该认真组织一个核心渠道，这个渠道要具有清晰的标识，以便使用者根据学生的年龄和年级、学习的内容和要取得的学习成果等确认材料和工具。

应积极向教师推荐这个核心渠道以便使他们意识到这一支持的存在并懂得如何获取这一支持。

框注附3　理财教育适宜资源的确定和发展

要将理财教育有效纳入学校，相关资源和教学法最好包含下列特点：

- 保持与国家、地区或当地理财教育学习框架的要求一致并与国家或地区的课程方针一致；
- 能根据学生的年龄、才能、需要、愿望和背景进行调整，适用于不同的文化和性别，并能够与学校课程相融合；
- 与学生紧密联系，将他们的兴趣和可能获得或使用哪些理财产品考虑进去；
- 强调学生的理财素养对未来健康生活的好处；
- 保持客观并进行免费市场推广（要避免使用金融公司的标志或推销某理财产品）；
- 高质量、多样化，致力于服务学生并对学生有吸引力，使用真实世界背景信息、案例研究、基于调查或活动的学习及解决问题的方法，或学生可直接参与的社区活动（如：模拟、游戏和参与发生在真实世界的活动）；
- 在相应的地方考虑跨学科教学的好处（如：理财教育纳入多个科目的可能性）；
- 在整个课程及最后（通过考试）纳入过程监控并量化课程对学生的影响；
- 尝试评价理财教育资源与教师、家长、社区以及学生的相关性和有效性。

适宜的鼓励措施

为鼓励教师和学生更深入地参与理财教育计划，可以实施适当的鼓励措施，诸如：

- 通过下列方式对学生学习成果进行认证

- 为监控进展定期举办学生考试；
- 为评价表现设定社区和国家层面的预期学习成果与目标；
- 组织专门的学校、地方、地区或国家竞赛，并颁发奖品。

● 通过下列方式让理财教育更突出并更有吸引力
- 组织理财教育特别活动（如"金钱"或"储蓄"日或周）；
- 组织并设计理财教育教师培训，使他们将其视为个人发展的组成部分并作为提高自身财务健康的方式；
- 将学校理财素养教学聚焦在能（立即）为学生、家长和社区带来积极影响的方面。

交流并推广国际上的优秀实践

发展国际认可的指南和实践，加强优秀实践的交流、政策对话与合作，这对于学校理财教育的成功引入和实施具有促进作用。这些指南建立在利用相关经验和国际认可的优秀实践的基础上，可以帮助政策制定者和参与理财教育的利益相关者在学校设计并成功实施理财教育。

理财教育学习框架指导

定 义

全面客观的理财教育计划的对象的定义是理财教育学习框架的第一个主要成分。大多数情况下，根据国家或地区文化的不同，它指的是理财能力或理财素养，但包含的内容基本上是相似的。

该定义包含当学生成为成年人时要做出有效及负责任的理财决定所需要的能力。此能力包括理财知识、理解、技能、态度和行为及有效使用这些内容的能力。

该定义可能只关注金钱的个人使用和管理以及理财决定对于个人生活的影响等方面，也可能还考虑个人理财决定与外部社会和环境之间的相互作用。

框架的作用和目标

作 用

理财教育学习框架被定义为，在国家、地区或当地级别的学校领域，有计划的和连贯的理财教育方法。理财教育学习框架应该在基层实行，并提供理财教育全面的预期学习成果 / 标准描述，进而以最适宜的方式在国家、地区、当地或教师层面实施。

框架应该从解释其作用开始，包括：

* 制定框架的组织及制定过程；
* 制定框架的时间；
* 框架的总目标；
* 框架如何支持国家、地区或当地达成课程目标；
* 框架是否已被认可，如果是，由谁认可。

发布于网络平台的框架更易于被获取，并与相应的教学支持信息，如教学资源、评价工具和相关课程材料相联系。

目 标

框架的总目标应该通过更详细的理财素养的维度进行描述。其可能包含学生应该达到的学习成果的描述，并且应该包括在理财教育计划之内。可供参考的维度包括：

- 知识和理解；

- 技巧和能力；

- 行为；

- 态度和价值观；

- 责任感与进取心。

每一个维度都应该反映个人或集体需要与框架中的理财素养定义相一致的方面。

这些描述对于教师形成对理财素养的理解是非常重要的。

预期学习成果 / 标准

理财教育学习框架应该提供对预期学习成果的描述。这些描述应该与理财素养的每个维度相关。

预期学习成果描述可以是每个维度的总体学习成果的描述，也可以显示为按年度划分的学习进展或课程水平的描述。后者显示了理财素养某个维度随学生在学校学习时间推移而发展的情况。

将理财教育纳入课程的方法

理财教育学习框架应该描述将理财教育纳入课程的整体方法。它应该与课程的总体实施方法一致。

在已制定国家课程目标但各地在实施方面有巨大差异的国家或地区，理财教育不会作为强制组成部分轻易被引入国家课程。在描述理财教育如何支持国家课程目标的达成、理财教育如何能与现有科目相结合及如何进行跨学科教学等方面，框架可以提供指导。在跨学科教学的方法中，理财教育提供了一种基于参与真实世界的教育背景，其他课程目标可在这一背景下达成。

在中央集权更加明显的国家或地区，理财教育可以是强制性的。理财教育可以作为独立科目存在，也可以作为一个清晰的模型或者一个或多个科目的组成部分存在，或者在学校或教师的慎重考虑下与相关科目相结合，在这种情况下，重要的是在理财教育预期学习成果和某科目预期学习成果之间建立某种联系。

理财教育预期学习成果应该与重要的国家课程目标联系起来，还要与某些科目的学习成果联系起来。

框架应该描述需要教授理财教育的年级和课程水平。理财教育可以在整个义务教育阶段进行，也可以集中在与课程目标最密切的阶段进行，例如：高中。

课程的内容和时间长度

理财教育学习框架通常会提供一个建议的课程内容的清单。它们不应仅关注知识和理解的形成，还应该让学生探索和形成价值观、态度、技能与行为。

在理财教育是强制性的，或明确作为独立科目纳入，或作为一个科目的一部分的地方，最好清楚地说明课程的时间长度。在其他情况下，可以不说明理财教育的教学时间。

框架通常会描述理财教育中推荐或建议的内容。它们应该与定义描述的总体预期学习成果有关，还应与理财教育学习框架中设定的理财教育维度有关。

框架通常会提供可以包括在理财教育计划中的话题、主题或问题清单。它们可以与某些科目相关，或者可以按照和一系列科目相结合的方式呈现出来。

最常被包含在理财教育学习框架中的主题是：

- 金钱和交易；

- 计划和财务管理（包括储蓄和消费，信贷和债务，财务决策）；

- 风险和收益；

- 金融概览（包括对消费者权利和责任，以及对宽泛的金融、经济和社会系统的理解）。

这些主题应该与某年级学生关心的内容相关，同时，应能帮助学生为成年生活做好准备。

资源和教学工具

理财教育学习框架还应提供对培养理财素养最有效的教学方法方面的指导。它们可以包括对推荐方法的总体描述，如使用与真实世界有关的例子，或采用基于调查的学习方法。教学方法不应只局限于形成知识，还应该提供吸引人的背景，让学生可以在其中习得技能、态度和行为。应该给学生提供在真实和吸引性强的背景下实践技能、发展行为的机会，并提供相关案例。应给学生提供交互式的经验性学习机会。

除在教室的学习外，也可以提供教室外的学习建议，如通过课外活动进行教学。

框架可以为学校和教师提供有效理财教育的案例研究。

框架还最好提供推荐的教学资源及有关选择有效资源的指导。提供的指导应该是关于质量保障指标的，并应注意避免有偏见的或包括营销信息的资料。

为支持理财教育，相关当局可以利用框架为教师和管理人员提供专业发展的机会。在某些情况下，私营组织或非营利性组织可能提供有关专业发展和教学的材料，也可能会有志愿者参与课堂教学。框架应提出避免利益冲突的方式，并确保在一些情况下学校可以挑选到经过批准的合格的理财教育提供者。

理财教育学习成果的评价

理财教育学习框架应提供用于评价理财教育学习成果的指导。它应该与评价某一年级其他领域学习成果的方法相一致。技能评价及知识和理解的评价均应包含在内。应采用问题解决的方式和真实世界背景下的学生评价以便学生有机会展示他们的能力。有的框架还会提供相关案例。

有可能的时候应该考虑进行针对学生成就的考试。该情况下，考试的过程和标准需要包括在框架中，包括要考试的学生的年级信息及理财教育考试是单独进行的还是融合在相关科目的考试中进行的。某些情况下，可以通过颁发证书、资质证明或文凭的形式为学生提供理财教育成绩的正式认可。

监测和评价

理财教育学习框架的实施监测可以在当地学校内进行，也可以在国家或地区的范围内进行。

在学校级别，框架可以向管理人员和教师提供关于监测理财教育学习框架的计划和实施的指导，包括监测理财教育成果的方式，以及监测理财教育以适当水平在学校实施的程度的方式。在理财教育不是强制性的地方，以及学校和教师需要慎重考虑如何将理财教育成果融入教学计划的地方，这一点尤其重要。在由外部机构对学校进行评估的国家或地区，理财教育学习框架还应包含提供理财教育的方式和理财教育的预期学习成果。

在国家和地区级别，相关部门应该评估理财教育学习框架的实施和成果。这可能是一个独立的评估，用来为框架的制定和实施提供信息。评估将为框架提高学生理财素养的有效性方面提供证据。

注　释

1. 同时参考《指导》。

参考文献

经合组织推荐

参见 www.financial-education.org。

OECD (2005), Recommendation on Principles and Good Practices on Financial Education and Awareness. http://www.oecd.org/finance/financial-education/35108560.pdf.

OECD (2008a), Recommendation on Good Practices for Financial Education Relating to Private Pensions. http://www.oecd.org/pensions/private-pensions/40537843.pdf.

OECD (2008b), Recommendation on Good Practices for Enhanced Risk Awareness and Education on Insurance Issues. http://www.oecd.org/pensions/insurance/40537762.pdf.

OECD (2009), Recommendation on Good Practices on Financial Education and Awareness Relating to Credit. http://www.oecd.org/finance/insurance/46193051.pdf.

经合组织、国际理财教育网络的工具及相关成果

APEC (2012), Finance Ministers Policy Statement on Financial Literacy and Education. http://www.apec.org/Meeting-Papers/Ministerial-Statements/Finance/2012_finance/annex.aspx.

Atkinson, A. and Messy, F. (2012), Measuring Financial Literacy: Results of the OECD/INFE Pilot Study. In OECD (Ed.), *OECD Working Papers on Finance, Insurance and Private Pensions* （No. 15 ）: OECD Publishing. http://dx.doi.org/10.1787/5k9csfs90fr4-en.

Grifoni, A. and Messy, F. (2012), Current Status of National Strategies for Financial Education: A Comparative Analysis and Relevant Practices. In OECD (Ed.), *Working Papers on Finance, Insurance and Private Pensions* (No. 16): OECD Publishing. http://dx.doi.org/10.1787/5k9bcwct7xmn-en.

INFE (2010a), Guide to Evaluating Financial Education Programmes. http://www.financial-education.org.

INFE (2010b), Detailed Guide to Evaluating Financial Education Programmes. http://www.financial-education.org.

INFE (2010c), Supplementary Questions: Additional, Optional Survey Questions to Complement the OECD/INFE Financial Literacy Core Questions. http://www.financial-education.org.

INFE (2011), High-level Principles for the Evaluation of Financial Education Programmes. http://www.financial-education.org.

OECD (2013), Financial Literacy Framework. In OECD (Ed.), *PISA 2012 Assessment and Analytical Framework: Mathematics, Reading, Science, Problem Solving and Financial Literacy:* OECD Publishing. doi: 10.1787/9789264190511-7-en.

OECD/INFE (2009), Financial Education and the Crisis: Policy Paper and Guidance. http://www.oecd.org/finance/financial-education/50264221.pdf.

OECD/INFE (2012), High-level Principles on National Strategy for Financial Education. http://www.oecd.org/finance/financialeducation/OECD_ INFE_High_Level_Principles_National_Strategies_Financial_Education_

APEC.pdf.

OECD/INFE (2013), Toolkit to Measure Financial Literacy and Inclusion: Guidance, Core Questionnaire and Supplementary Questions. http://www.financialeducation.org.

译后记

收入像一条河，财富是水库，理财就是管好水库，开源节流。经济全球化时代，需要防范和化解的金融风险极大提高，这就使理财素养成为"21世纪每个人的必备技能以及能够有效支持金融稳定的重要条件"。近年来，不少国际组织、国家和地区日益关注青少年理财素养，我国也越来越重视理财教育。2015年《国务院办公厅关于加强金融消费者权益保护工作的指导意见》要求教育部将金融知识普及教育纳入国民教育体系，北京、上海、广东、浙江等地部分学校也开展了理财教育探索。

这部译著着重介绍了中小学理财教育的意义及所遇到的问题与挑战，同时为政策制定者提供了有关理财教育的实际指导方法和案例。

本书的具体翻译工作由中国教育科学研究院曾天山组织和主持，陈春勇协助。具体分工如下：第一章，陈春勇；第二章，刘玉娟、李楠（"在中小学引入理财教育的支持性工具"中的"资源与教学资料"及以后内容由李楠翻译，其他内容由刘玉娟翻译）；第三章，程蓓、郭元婕、孟庆涛、徐晖（"现行理财教育学习框架""注释""参考文献"由郭元婕翻译，附录3.1至附录3.3由孟庆涛翻译，附录3.4由徐晖翻译，其他内容由程蓓翻译）；附录由徐晖翻译。前言、致谢、目录、概要及其他辅文由陈春勇翻译。初稿完成后，曾天山和陈春勇进行了通读和审改。

在此感谢教育科学出版社领导、版权部门和学术著作编辑部为本书顺利翻译出版给予的大力支持和帮助。

译者

2018年3月

出版人　李　东
责任编辑　刘明堂
版式设计　郝晓红
责任校对　贾静芳
责任印制　叶小峰

图书在版编目（CIP）数据

青少年理财教育：学校的角色／经济合作与发展组
织著；曾天山等译．— 北京：教育科学出版社，2018.4
　书名原文：Financial Education for Youth: The Role
of Schools
　ISBN 978 - 7 - 5191 - 1363 - 6

Ⅰ. ①青… Ⅱ. ①经… ②曾… Ⅲ. ①财务管理—学校
教育　Ⅳ. ①TS976.15

中国版本图书馆 CIP 数据核字（2018）第 052645 号
北京市版权局著作权合同登记　图字：01-2016-1377 号

青少年理财教育：学校的角色
QING-SHAONIAN LICAI JIAOYU: XUEXIAO DE JUESE

出版发行	教育科学出版社				
社　址	北京·朝阳区安慧北里安园甲 9 号		**市场部电话**	010-64989009	
邮　编	100101		**编辑部电话**	010-64981280	
传　真	010-64891796		**网　址**	http://www.esph.com.cn	
经　销	各地新华书店				
制　作	北京浪波湾图文工作室				
印　刷	保定市中画美凯印刷有限公司				
开　本	169 毫米 ×239 毫米　16 开		**版　次**	2018 年 4 月第 1 版	
印　张	14.5		**印　次**	2018 年 4 月第 1 次印刷	
字　数	189 千		**定　价**	42.00 元	

如有印装质量问题，请到所购图书销售部门联系调换。